DANIEL JOERES

Artgerechte Hundeerziehung

arkana

DANIEL JOERES

ARTGERECHTE HUNDEERZIEHUNG

Mit klarer Kommunikation
zu einer unsichtbaren Leine
aus Vertrauen, Harmonie
und Verständnis

arkana

MIX
Papier | Fördert gute Waldnutzung
FSC® C011124

Penguin Random House Verlagsgruppe FSC® N001967

3. Auflage
Originalausgabe April 2024

in der Penguin Random House Verlagsgruppe GmbH,
Neumarkter Straße 28, 81673 München
Lektorat: Alexandra Flache
Fotos: **alle Bilder Dana Thimel**, außer: **Adobe Stock:** 16 (Gorodenkoff); **Doguniversity:** 30, 76, 180, 181, 185-8; **istockphoto:** 36 (toxawww), 109 (wundervisuals), 136 (WS_Low), 138 (wdj); **Sabine Block:** 26, 33, 57, 136 l.; **Stefan Gosny:** 110, 114 u., 168; **Shutterstock:** 49 (Dynamoland), Illu Hundepfote (bluebright); **Trio Bildarchiv:** 19 u. 31 (Fotostudio mit Herz), 39 und 41 (Lisa Päffgen), 61, 69, 128 (Maren Leuker), 62, 65, 127 (Nicole Schick), 70 u. 71 (Beate Jamrowski), 93 (N.Noack), 94 (Dana Thimel), 94, 115, 134 (Ria Putzker), 100 (Sandy Löwe), 101 (Anna Auerbach), 120 u. 121 (Selina Grass), 126 (Jennifer Raßmann), 130 (Nicola Kassat), 145 (Aleksandra Kielreuter);
Illustrationen Hunde: © Dave Bese
Umschlaggestaltung: ki 36 Editorial Design, München
Umschlagmotiv: © doguniversity/Dana Thimel
Satz: Satzwerk Huber, Germering
Druck und Bindung: Mohn Media Mohndruck GmbH, Gütersloh
Printed in Germany
CC · CF
ISBN 978-3-442-34323-2

www.arkana-verlag.de

Gliederung

Hund und Mensch als Team

Warum noch ein Hundebuch?

Liebe Leserinnen und Leser,
zuallererst möchte ich mich für den Kauf dieses Buches bedanken. Hundebücher gibt es mittlerweile wie Sand am Meer. Umso mehr freue ich mich, dass dieses Buch Einzug in Ihr Wohnzimmer gefunden hat – oder in den Garten, den Camper, das Ferienhaus oder wo auch immer Sie gerade lesen.

Doch braucht der Markt denn noch ein weiteres Hundebuch? Und wenn ja, warum? Was unterscheidet dieses Buch von all den anderen Büchern?

Die erste Frage kann ich eindeutig mit »JA« beantworten. Ganz dringend sogar! Warum? Gerade, weil es mittlerweile unzählige Hundebücher gibt. Es gibt kaum ein Hundethema, welches noch nicht behandelt worden ist. Denksport mit Hund, positive Hundeerziehung, Agility, Stress bei Hunden, Leinenführigkeit, Rückruf, Anti-Jagd-Training und diverse andere Auslastungsmethoden wollen Probleme zwischen Mensch und Hund lösen oder ihr Zusammenleben verbessern. Leider gibt es genauso viele verschiedene Meinungen und Trainingsansätze sogenannter Fachleute, wie es Bücher gibt. Und genau hier liegt das Problem.

Verloren im Dschungel der Hundeausbildungsmethoden

Hat ein Hundehalter ein Problem mit seinem Hund und fragt drei Trainer, so erhält er häufig drei verschiedene Antworten. Hinzu kommen zahlreiche »Tipps« von anderen Hundehaltern oder aus sozialen Netzwerken und schon ist die Verwirrung für den Hundehalter perfekt. Hiermit verschlimmert sich oftmals der Leidensdruck, denn eigentlich wollte man nur eine Lösung für ein Problem und letztendlich das »Beste« für Hund und Halter. Unsere Hunde müssen dann diverse »Trainingsmethoden« über sich ergehen lassen und sind die Leidtragenden. Bedauerlicherweise arbeiten viele Hundetrainer stur nach gewissen Leitsätzen, häufig dadurch bedingt, dass sie lediglich eine Ausbildung in einer Hundetrainerschule genossen haben, die einen bestimmten Erziehungsstil propagiert. Im Ergebnis entstehen oft regelrechte Glaubensgemeinschaften rund um ein Ausbildungsprinzip, welche die Individualität unserer Hunde nicht mehr ausreichend berücksichtigen. Und da haben wir ihn, den Kampf der Hundetrainer!

Ein Wort vorab: *Ich spreche in diesem Buch von »der« Hund, damit meine ich Rüden und Hündinnen zugleich, ohne ein Geschlecht benachteiligen zu wollen! Geschlechtslose Hunde, switcher, diverse oder worüber gerade noch so alles diskutiert wird, habe ich in der Hundewelt bislang nicht kennengelernt und – dafür hängen Sie mich gedanklich gerne ans Kreuz – ich halte solche Diskussionen für etwas übertrieben.*

Mit dem Klicker lassen sich viele Kommandos und Tricks beibringen, Beziehungsprobleme lassen sich damit aber nicht lösen

Die Beziehung im Fokus

In all den Jahren, in denen ich mich mit Hunden und ihren Haltern beschäftigt habe, habe ich unzählige Trainingsmethoden kennengelernt. Ich habe eine Menge verschiedener Dinge geprüft, war immer offen für neue Trainingsansätze und Ideen. Ich hatte einige Mentoren, von denen ich ganz viel lernen durfte, und habe viele Fortbildungen und Seminare vorzeitig verlassen, weil ich die dort vermittelten Ammenmärchen nicht weiter hören konnte. Zusammenfassend kann ich vorwegnehmen, dass die erfolgreichen Trainingsmethoden gegenüber den weniger erfolgreichen Trainingsmethoden eines gemeinsam haben: Sie beziehen sich eher auf die Beziehung zwischen Mensch und Hund. Und genau darum soll es in diesem Buch gehen: die Beziehung zwischen Ihnen und Ihrem Hund so zu gestalten, dass ein harmonisches und glückliches Zusammenleben für beide Parteien – Mensch und Hund – möglich ist.

Denn tiefgründige soziale Beziehungen sind es, die uns guttun, die uns mehr Lebensqualität bringen und uns zufriedener machen. Sie sind es aber auch, die in unserer schnelllebigen Gesellschaft abhandengekommen sind.

Während Facebook-Freunde und Social-Media-Follower immer mehr werden, werden die echten, persönlichen und tiefgründigen sozialen Beziehungen immer weniger. Ebenso gibt es zahlreiche Hundehalter, die keine gute Beziehung zu ihrem Partner am anderen Ende der Leine haben. Und das Schlimmste ist, dass sie es noch nicht einmal wissen. Sie haben den Überblick verloren, im Dschungel der Hundeausbildungsmethoden und Erziehungsratgeber.

Aber wie können wir denn nun die Beziehung zwischen Ihnen und Ihrem Hund verändern?

Dafür braucht es etwas mehr Wissen und Engagement Ihrerseits. Denn um mit Ihrem Hund artgerecht kommunizieren zu können, müssen Sie ihn zunächst verstehen lernen. Und Sie müssen lernen, wie Sie mit ihm in einen natürlichen Austausch gehen können, den auch der Hund versteht.

Die Wissenschaft als Basis

Als studierter Psychologe schlägt auch das Herz des Wissenschaftlers in mir. Ich möchte Ihnen darum nicht einfach nur vorgeben, welche Übung Sie mit Ihrem Hund trainieren sollen, sondern ich möchte, dass Sie das Prinzip dahinter verstehen. Ich möchte, dass Sie verstehen, warum das Ganze funktioniert und warum ich es als artgerechte Hundeerziehung bezeichne. Um einen durchdachten, didaktisch wertvollen und an wissenschaftlichen Erkenntnissen orientierten Leitfaden zu erhalten, müssen wir zunächst gemeinsam einiges an Grundwissen aufbauen.

Aber keine Sorgen, erstens ist es ziemlich spannend, tiefer in die Gefühls- und Seelenwelt unserer Hunde einzutauchen, und zweitens: ES LOHNT SICH! Das verspreche ich Ihnen.

Denn wenn Sie meine Ratschläge in diesem Buch beherzigen, dann lösen sich damit in der Regel auch die Probleme zwischen Ihnen und Ihrem Hund. Wir packen die Dinge »an der Wurzel« und versuchen nicht, bestimmte antrainierte Verhaltensweisen über ein Problem zu legen.

Fairness im Hundetraining

Ich werde in diesem Buch als doppelter Anwalt agieren. Ich möchte für unsere Hunde einstehen, ich möchte, dass der Umgang mit unseren Hunden fair, liebevoll, lebensbereichernd und artgerecht ist. Also so, dass sie verstehen können, was wir von ihnen wollen.

Genauso werde ich jedoch auch Sie in Ihren Bedürfnissen in Bezug auf ein harmonisches, entspanntes und gesellschaftsfähiges Zusammenleben mit Ihrem Hund unterstützen. Letztendlich wünsche ich mir dadurch eine Steigerung der Lebensqualität für beide – für Sie und Ihren Hund!

Was ist sie nun, die unsichtbare Leine?

Vielleicht fragen Sie sich nun aber immer noch, was es mit dieser ominösen unsichtbaren Leine auf sich hat, von der ich spreche. Ich verrate es Ihnen.

Ich bin vor ein paar Jahren mit meinen Hunden und einem Camper durch Spanien gefahren. Dort wird es mit den Hunden in vielerlei Hinsicht wesentlich lockerer gehandhabt als bei uns in Deutschland. Wir liefen unzählige Kilometer an wunderschönen Stränden entlang, unternahmen Wanderungen, waren in Städten unterwegs und aßen Tapas in kleinen Bars. Meine Hunde waren meine stetigen Begleiter und – ob Sie es glauben oder nicht – ganz ohne Leine. Oder besser gesagt, ohne sichtbare Leine. Denn das ist es eigentlich, was eine intakte Mensch-Hund-Beziehung beschreibt. Hunde, die sich wohlfühlen an der Seite ihres Menschen, die ihm freiwillig folgen und sich auf gemeinsame Aktivitäten freuen. Die ihren Menschen aber auch so weit respektieren, dass sie sich auch ohne Zerren an einer Leine oder Locken mit »Superleckerchen« steuern lassen.

Diese Beziehung ist gekennzeichnet durch gegenseitiges Vertrauen, Verlässlichkeit, Verständnis und Liebe. Das genau ist es, was ich als die »unsichtbare Leine« bezeichne. Ein enges und starkes Band zwischen Mensch und Hund, das Sie in keinem Tierhandel der Welt kaufen können.

Ich wünsche mir ein solches Verhältnis auch für Sie und Ihren Hund und werde in den folgenden Kapiteln mein Bestes geben, Ihnen einen Weg dafür aufzuzeigen und Ihnen die nötigen Werkzeuge an die Hand zu geben um die Beziehung zu Ihrem Hund nachhaltig zu verbessern.

Gehen müssen Sie den Weg allerdings selbst. Ich wünsche Ihnen viel Spaß dabei und auch mit diesem Buch.

Herzlichst
Daniel

Leinenlos glücklich – hier in Spanien

Theorieteil

Die unsichtbare Leine – wie Mensch und Hund zusammenwachsen

Mensch und Hund – die Geschichte einer Freundschaft

Gemeinsam stärker

Hätten Sie gewusst, dass es unsere Gesellschaft, wie sie heute existiert, ohne den Hund vielleicht gar nicht geben würde? Und ist Ihnen bewusst, dass wir Menschen den Hunden in unserem Sozialverhalten ähnlicher sind als unseren nächsten genetischen Verwandten, den Menschenaffen? Spannend, oder?

Die Geschichte dieser Freundschaft begann bereits vor ca. 15 000 Jahren, als es noch keine Bücher zur Hundeerziehung, keine Hilfsmittel oder YouTube-Videos zum Thema Hundeerziehung gab. Und dennoch hat der einstige Wolf es auf unsere Couch geschafft. Wie kann das sein? Kurz gesagt, weil das Sozialverhalten von uns Menschen dem der Hunde sehr ähnelt. Entsprechende Gemeinsamkeiten waren die Grundlage für ein so nahes Zusammenrücken zwischen Mensch und Hund.

Werfen wir also einen Blick auf die Geschichte dieser Freundschaft, wie alles begann und vor allem, was wir daraus heute noch im Umgang mit unseren Hunden lernen können.

Die ersten Knochenreste des ältesten Haustiers des Menschen wurden 1914 in Bonn, im heutigen Stadtteil Oberkassel, gefunden. Der metrische und morphologische Vergleich zum Wolfsgebiss, also die Gebissform und Anzahl der Zähne, ließen darauf schließen, dass es sich um einen Haushund handelte. Die 14 000 Jahre alten Knochen erwiesen, dass der Hund noch vor Ziege, Rind und Pferd das älteste domestizierte Tier des Menschen war.

Doch wie ist es dazu gekommen? Es muss vor ca. 15 000 Jahren eine Annäherung zwischen dem Urvater unserer Hunde, dem Wolf, und den damals lebenden Steinzeitmenschen gegeben haben. In dieser Zeit stand der Mensch einer Vielzahl von gefährlichen Raubtieren gegenüber. Säbelzahntiger, Bären, Löwen und Hyänen waren einige davon. Doch auch Mensch und Wolf dürften zu Beginn nicht gerade freundlich miteinander verbunden gewesen sein, denn sie konkurrierten um dieselbe Nahrung wie Mammut, Großhirsch und Büffel. Warum wurde nun also ausgerechnet der Wolf der treueste Begleiter des Menschen? Lassen Sie uns dazu einen Blick auf die Gemeinsamkeiten zwischen Mensch und Wolf/Hund werfen.

Von der Mission impossible zum gemeinsamen Jagderfolg

Stellen Sie sich vor, Sie müssten ein Mammut erlegen. Dieser Steinzeitriese hatte über 3 Meter Risthöhe und wog zwischen 4 und 6 Tonnen. Allein die Stoßzähne konnten über 4 Meter lang und über 100 Kilogramm schwer werden. Für einen Menschen allein wäre die Jagd auf ein Wollmammut eine unlösbare Aufgabe – er hätte keine Chance. Selbst einen Büffel zu erlegen, wäre zur damaligen Zeit für einen einzelnen Menschen unmöglich gewesen. Mithilfe von immer weiter entwickelten Waffentechniken und vor allem einer ganz bedeutenden Sache – der Gruppe – war es jedoch möglich.

Neandertaler bei der gemeinsamen Jagd

Menschen, die sich bei der Jagd zusammengetan haben und kooperierten, hatten Jagderfolg. Ähnlich war es auch bei den stets in der Gruppe jagenden Wölfen. Nur die Kooperation untereinander ermöglichte es ihnen, Beute zu erlegen, die dem einzelnen Tier körperlich weit überlegen war. Die Jagd in der Gruppe ist also eine der entscheidenden Gemeinsamkeiten im Sozialverhalten zwischen Menschen und Hunden/Wölfen.

Gemeinsam schafft man mehr, das ist auch heutzutage noch so. Allerdings war – anders als heute – die Gruppe, und bei den Wölfen das Rudel, früher überlebensnotwendig!

Gemeinsamkeiten im Sozialverhalten

Wenn wir uns nun anschauen, wie Menschen und Wölfe in Gruppen leben, können wir diverse weitere Gemeinsamkeiten feststellen.

Soziale Gruppen:
Sowohl Menschen als auch Wölfe leben in sozialen Gruppen. Es existieren Beziehungen zwischen den Mitgliedern, welche geprägt sind durch dauerhaften Kontakt und Interaktionen der einzelnen Mitglieder untereinander. Jedes Gruppenmitglied nimmt sich bewusst als Teil der Gruppe wahr.

Steinzeitgene

Heutzutage erliegen wir Menschen teilweise immer noch unseren Genen. Unser Steinzeithirn gaukelt uns Dinge vor, die den aktuellen Lebensbedingungen nicht mehr entsprechen, ja sogar unpassend sind. Wenn wir besonders auffallen und im Mittelpunkt stehen, weil wir etwa einen Vortrag vor vielen Menschen halten müssen oder gegen soziale Normen verstoßen, fühlen wir uns häufig unwohl. Wir sind erregt, versprechen uns oder fangen an zu schwitzen. Das kommt daher, dass wir der Bewertung anderer ausgesetzt sind. Ist diese Bewertung negativ, droht uns der Ausschluss aus der sozialen Gemeinschaft oder Gruppe. In heutigen Zeiten wäre das eigentlich nicht weiter schlimm, da jeder im schlimmsten Fall auch ohne Weiteres allein leben könnte. Früher jedoch wäre der Ausschluss aus der Gruppe für den Einzelnen lebensbedrohlich gewesen. Das ist der Grund, warum unser Gehirn bei gewissen Anlässen entsprechende Ängste und negative Gefühle produziert. Hier sehen wir, wie tief verankert das Leben in der Gruppe auch bei uns Menschen noch ist.

Austausch von Zärtlichkeiten unter Grauwölfen

Monogamie:
Menschen und auch Wölfe leben in der Regel monogam und bleiben ein Leben lang zusammen. Dabei ziehen sie ihren Nachwuchs gemeinsam groß. Beide Elternteile übernehmen erzieherische Aufgaben. Diese sind geprägt von viel Liebe und Zuwendung und sollen den Nachwuchs auf das spätere Leben vorbereiten, aber auch die Regeln und Grenzen des Zusammenlebens aufzeigen. Droht Gefahr, reagieren Wölfe und Menschen ebenfalls gleich: Der Schutz der Nachkommen verbunden mit uneingeschränkter Verteidigungsbereitschaft hat oberste Priorität.

Aufgabenteilung:
Die Aufgaben im Rudel beziehungsweise in der Familie werden geteilt und von verschiedenen Familienmitgliedern übernommen. In Wolfsfamilien agieren die ein bis zwei Jahre alten Jungtiere beispielsweise oft als Babysitter und kümmern sich um die Welpen. Außerdem gibt es Wachposten, um Feinde frühzeitig zu entdecken. Bei der Jagd werden die Rudelmitglieder entsprechend ihrer Fähigkeiten eingesetzt, sodass Schnelligkeit, Kraft, Taktik und Erfahrung im Team ideal genutzt werden können.

Wir-Gefühl:
Die Gruppe hat eine gemeinsame Identität. Dies hat zur Folge, dass Angriffe auf andere Rudelmitglieder als Angriffe auf sich selbst angesehen werden. Es besteht also ein Wir-Gefühl, das den Gruppenzusammenhalt stärkt.

Nahrungsteilung:
Nahrung beziehungsweise Futter wird sowohl in Menschenfamilien als auch unter Wölfen geteilt. Die einzelnen Gruppenmitglieder kümmern sich um ältere und verletzte und versorgen diese liebevoll.

Territorialverhalten:
Wölfe und Menschen sind stark territorial veranlagt, das heißt, sie beschützen gemeinschaftlich ihren Lebensraum und verteidigen ihn gegen Eindringlinge. Hier geht es überwiegend um die Sicherung von lebensnotwendigen Ressourcen. Das klingt heutzutage möglicherweise etwas abstrakt, allerdings wird es deutlich, wenn Sie sich vorstellen, wie Sie auf einen Einbrecher in Ihrem Haus reagieren würden. In der Regel verteidigen wir Menschen uns genauso, wie unsere felligen Freunde es tun, auch wenn wir in unserer Entschlossenheit meist etwas hinterher sind.

Lernen durch Beobachtung:
Soziale Lernmechanismen stehen bei Menschen wie Wölfen/Hunden im Vordergrund. Beide lernen überwiegend durch Beobachtung und durch soziales Feedback auf ihre Handlungen, welches

sie von den anderen Gruppenmitgliedern (Artgenossen beziehungsweise Mitmenschen) erhalten.

Sozialspiel:
Egal, ob Kinder oder junge Kaniden, das soziale Spiel hat einen wichtigen Einfluss auf deren Entwicklung. Hier werden Dinge wie Körpergefühl, motorische Fähigkeiten und das Einhalten von Spielregeln und Grenzen in einem geschützten Umfeld geübt. Jeder Einzelne hat die Chance sich auszuprobieren und auch Erfahrungen zu machen, wie das Gegenüber darauf reagiert. Durch dieses soziale Feedback werden spielerisch Regeln und Grenzen gelernt. Auch das Setzen von Grenzen, etwa wenn es einem der Spielpartner zu wild wird, und die Fähigkeit mit Frustration umzugehen, sind wertvolle Lernerfahrungen, die mit dem Sozialspiel einhergehen.

Kommunikative Fähigkeiten:
Täglich werden unzählige Kommunikationssignale ausgetauscht, beispielsweise durch Blickkontakt, Körperhaltung oder Körperspannung. Man »unterhält sich« sozusagen fast den ganzen Tag. Auch wenn Kaniden dies auf eine andere Art und Weise tun als wir Menschen (siehe dazu S. 34, Kapitel 4) verfügen beide Arten über komplexe, hochgradig ausgereifte kommunikative Fähigkeiten.

Hätten Sie's gewusst?

Unsere nächsten genetischen Verwandten, die Menschenaffen, ernähren sich überwiegend von Pflanzen, Früchten, Blättern, Nüssen und Insekten. Zwar gehören kleinere Tiere teilweise auch zum Speiseplan der Affen, jedoch erlegen sie diese eher eigenständig und nicht in der Gruppe. Affen sind daher eher Sammler als Jäger. Eine enge Kooperation unter den einzelnen Gruppenmitgliedern zum Erlegen größerer Beutetiere war nicht notwendig. Menschen und die heute lebenden Menschenaffen haben zwar gemeinsame Vorfahren, jedoch weist das Sozialverhalten von Affen nicht ansatzweise so viele Gemeinsamkeiten mit dem Sozialverhalten von Menschen auf, wie das der Wölfe.

Vom Wolf zum Hund

Doch wer hat nun bei der Annäherung zwischen Wolf und Mensch den ersten Schritt gemacht?

Es gibt einige Domestikationstheorien, die versuchen, diesen Vorgang zu erklären. Hier müssen wir teilweise spekulieren, denn Aufzeichnungen, wie es genau vor ca. 15 000 Jahren gewesen ist, gibt es nicht.

Was den Wolf betrifft, können wir aus der Geschichte der Menschheit und aus aktuellen Forschungen lernen und daraus plausible Schlussfolgerungen ziehen:

Menschen und Wölfe sind durch Zufall miteinander in Kontakt gekommen. Sehr wahrscheinlich haben Menschen dann eines Tages begonnen, Wolfswelpen aufzuziehen. Wie die Forschungen von Dr. Erik Ziemen gezeigt haben, war es zwingend notwendig, die Wölfe in den ersten Wochen auf den Menschen zu sozialisieren, damit sie ihre Scheu vor diesem verlieren. Wurden diese sensiblen ersten Wochen nicht genutzt, verloren die Wölfe ihre Scheu gegenüber den Menschen nicht. Eine entsprechende Sozialisierung konnte auch später nicht erfolgreich nachgeholt werden.

Diese Sozialisation könnte zur damaligen Zeit wie folgt vonstattengegangen sein: Da die Welpen in den ersten Wochen auf Milch angewiesen sind, ist es naheliegend, dass Wolfswelpen von menschlichen Frauen aufgezogen wurden. Und da es in der Steinzeit weder einen Supermarkt noch ein Gefäß gab, womit man Milch hätte absaugen und aufbewahren können, bleibt nur noch das direkte Säugen von Wolfswelpen durch Frauen.

Wie Wolf und Mensch voneinander profitieren

Im Anschluss an die prägenden ersten Wochen muss die Beziehung zwischen Menschen und Wölfen auf freiwilliger Basis erfolgt sein. Etwa aufgrund von Vorteilen, die beide Parteien voneinander genossen haben. Eine klassische Win-win-Situation.

In erster Linie wird das die bereits erwähnte gemeinsame Jagd zwischen Menschen und Wölfen gewesen sein. Wölfe waren schneller, konnten Tiere treiben und stoppen. Menschen konnten diese dann mit ihren Speeren erlegen.

Aber auch die bloße Nähe des Wolfs zu menschlichen Lagern dürfte Vorteile gebracht haben. Da Wölfe den Menschen in ihren Sinnesleistungen weit überlegen sind, konnten sie Feinde wie andere Raubtiere oder sich nähernde andere Gruppen früher erkennen und somit die eigene Gruppe durch Warnlaute vor Überfällen warnen. Diese geben Wölfe immer dann von sich, wenn ihnen etwas verdächtig vorkommt oder sich etwas Fremdes nähert.

Viele von Ihnen werden dieses Verhalten auch von unseren Hunden kennen. Diese sind etwa bei Dunkelheit besonders wachsam oder reagieren auf unbekannte Geräusche, Besuch, den Postboten, das fremde Tier im Garten oder auf andere unbekannte Dinge mit Wuffen, Bellen und Knurren.

Es ist davon auszugehen, dass sich die Wölfe im weiteren Verlauf des Zusammenlebens noch anderweitig als nützlich erwiesen haben. Etwa indem sie als Babysitter der Menschen fungierten und das Lager von Exkrementen befreiten. Dafür erhielten sie vom Menschen Nahrung, insbesondere Organe und Knochen von der gemeinsam erlegten Beute, und es ist wahrscheinlich, dass sie unter dem Schutz der Gemeinschaft standen.

Wendepunkt – die letzte Eiszeit

Vor ca. 10 000 Jahren konnten wir zwei gravierende Veränderungen beobachten. Zum einen die Veränderung der Flora und Fauna. Unsere Erde wurde grüner. Es gab viel mehr dichte Wälder, Wiesen und Grünflächen. Zum anderen veränderte sich auch die Tierwelt. Große Tierherden verschwanden und fanden Schutz in dem neuen Lebensraum. Hier waren sie jedoch auch nicht mehr so einfach durch den Menschen aufzufinden und zu erlegen. Bisherige Jagdtechniken blieben erfolglos.

In der Folge kam es zu einer bahnbrechenden technologischen Entwicklung des Menschen, was zu völlig neuen Möglichkeiten führte: die Erfindung von Pfeil und Bogen. Hiermit konnte der Mensch erstmals auf Distanz jagen. Es war möglich, Wildtiere zu erlegen, ohne in direkten Kontakt mit ihnen treten zu müssen.

Allerdings konnte auch hier nur eine Kooperation zwischen Mensch und Wolf/Hund den Jagderfolg gewährleisten. Unsere vierbeinigen Freunde konnten Tiere im dichten Wald aufspüren, anzeigen, treiben und letztlich beim Erlegen oder Festhalten der Beute helfen.

Eine Art und doch so unterschiedlich – unsere Hunde

Es ist also eine technologische Entwicklung des Menschen gewesen, gepaart mit den Fähigkeiten der Hunde/Wölfe bei der Jagd, die gemeinsam zu einem höheren Jagderfolg führten. Kooperierte der Mensch mit dem Hund/Wolf, dann führte das zu mehr Nahrung, was eine Zunahme der Bevölkerungsdichte erst möglich machte. Und hier sind wir an einem Wendepunkt der menschlichen Geschichte. Hätten wir damals auf die Unterstützung unserer vierbeinigen Freunde verzichten müssen und damit auch auf Nahrung, ist völlig unklar, wie sich die Menschheit weiterentwickelt hätte.

Auch im weiteren Verlauf der Geschichte spielte der Hund eine wichtige Rolle. Die zunehmende Bevölkerung führte zur Abnahme der Beutetiere, denn immer mehr Menschen wollten ernährt werden. Um das ökologische Gleichgewicht aufrechterhalten zu können, hätte weniger Nahrung normalerweise eine Abnahme der Population Mensch bedeutet. Anstatt sich jedoch den natürlichen Rahmenbedingungen unserer Erde anzupassen, hatte der Mensch eine andere Idee: Er begann mit der Landwirtschaft.

Die Entwicklung der Rassehundezucht

Der Ackerbau, das Anpflanzen von Getreide und vor allem das Halten von Nutztieren ermöglichten es dem Menschen, die Ernährung einer größeren Bevölkerungszahl, als die Natur es eigentlich vorgesehen hatte, sicherzustellen. Die Rolle des Hundes änderte sich entsprechend der vielfältigeren Aufgaben, die die Landwirtschaft mit sich brachte. Es wurden Spezialisten für die gewünschten Aufgaben nötig. Man brauchte Hunde, die bei der Jagd halfen (z. B. Deutsch Drahthaar, Weimaraner). Es wurden Hüte- und Treibhunde benötigt, die halfen, Schafe oder Ziegen zusammenzuhalten (wie Border Collies, Cattle Dogs und Schäferhunde), aber auch Hunde, die in der Lage waren, Ratten oder anderes Ungeziefer von menschlichen Siedlungen fernzuhalten (z. B. Terrier). Die Aufgaben waren vielfältig, und genauso vielfältig waren die Hunde, die sich für den jeweiligen Zweck entwickelten. Dies war der Beginn der heutigen Rassehundezucht.

Von Ähnlichkeiten und Unterschieden

Sowohl über die Domestikation, als auch über Rassehundezucht könnte man eigenständige Bücher schreiben. Es ist an dieser Stelle nicht notwendig, weiter ins Detail zu gehen. Von entscheidender Bedeutung für jeden Hundehalter ist jedoch Folgendes:

Unsere Hunde konnten zum besten Freund des Menschen werden, weil sie das Tier sind, dessen Sozialverhalten dem des Menschen am meisten ähnelt. Hunde sind hochgradig soziale Tiere, verfügen über eine fein ausgeprägte Kommunikation und sind stark motiviert, mit uns Menschen zusammenzuarbeiten. Sie übernehmen Aufgaben für die Gemeinschaft und die Gruppe und unterstützen uns Menschen bei diversen Aufgaben des Alltags.

Über Jahrtausende funktionierte dies ohne die Hilfe von Hundeschulen, YouTube-Videos, Büchern über Hunde und Tipps von sogenannten Fachleuten.

Mittlerweile leben in Deutschland jedoch über 10 Millionen Hunde, was auch eine Zunahme der verschiedensten Trainingsmethoden mit sich gebracht hat. Es wird gefüttert und geklickert. Und es werden Kommandos trainiert, bis dem Hund die Ohren schlackern. Vieles mag seine Berechtigung haben, eines jedoch haben viele dieser Methoden gemeinsam: Sie missachten die Ebene des natürlichen Sozialverhaltens zwischen Mensch und Hund.

Deshalb möchte ich in den weiteren Kapiteln dieses Buches den Fokus auf das soziale Miteinander von Mensch und Hund legen. Denn wir wissen jetzt, wie ähnlich wir unseren Hunden sind und dass wir uns bevorzugt in sozialen Gemeinschaften zusammenschließen. Und nur wer es schafft, die Beziehung mit seinem Hund auf einer tiefen sozialen Ebene zu beeinflussen, wird langfristig harmonisch mit seinem Hund zusammenleben. Nur so kann unser Hund wirklich der beste Freund des Menschen und ein unkomplizierter Begleiter im Alltag werden.

Psychologie in der Mensch-Hund-Beziehung

Das Eisbergmodell

Wenn wir über Gruppen und soziale Gemeinschaften reden, sind diese geprägt von den Individuen innerhalb dieser Gruppen. Es entstehen Bindungen und Beziehungen zueinander. Die Qualität einer Beziehung kann gut oder schlecht sein, trotzdem besteht sie. Das kennen vielleicht einige Menschen, die eine schlechte Beziehung zu ihrem Chef oder einer anderen Person haben, mit der sie aber trotzdem täglich in Kontakt stehen.

Von Bindung spricht man hingehen nur bei grundsätzlich positiven sozialen Beziehungen. Da Beziehungen nicht immer einfach zu erkennen sind, lassen Sie uns einmal gemeinsam einen Blick auf das sogenannte Eisbergmodell werfen.

Das Eisbergmodell ist eines der bekanntesten psychologischen Kommunikationsmodelle der Welt. Ich habe dieses Kommunikationsmodell modifiziert und an die Mensch-Hund-Beziehung angepasst. Dieses Modell zu verstehen, ist für mich persönlich ein ganz elementarer Schlüssel für eine gelungene Mensch-Hund-Beziehung. Es erklärt wunderbar, wie Beziehung und Verhalten miteinander interagieren.

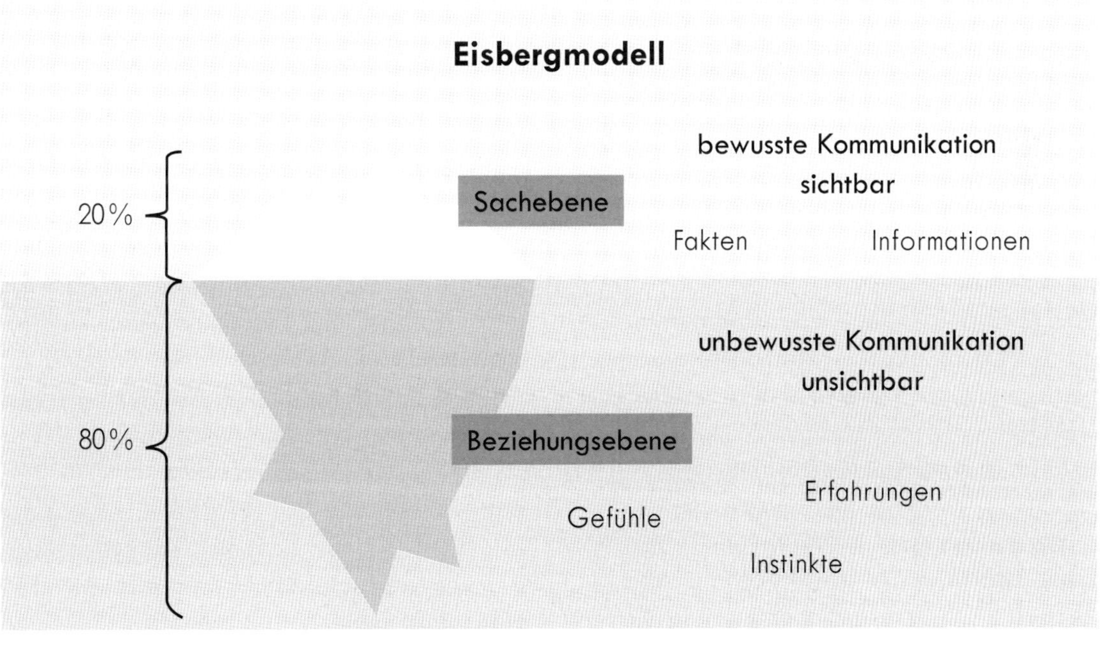

Sach- und Beziehungsebene unterscheiden

Wenn wir uns einen Eisberg vorstellen, dann besteht dieser aus zwei Teilen. Zum einen aus dem sichtbaren Teil über der Wasseroberfläche und zum anderen aus dem Teil, der sich unter der Wasseroberfläche befindet und den wir nicht direkt sehen können. Den oberen Teil des Eisbergs können wir als Sachebene oder als bewusste Ebene, und den unteren Teil als die sogenannte Beziehungsebene oder die unbewusste Ebene bezeichnen.

Wenn Ihr Hund etwa das Kommando »Warte« gelernt hat und weiß, was es bedeutet, etwa an der Türe zu warten, dann ist die Botschaft, wenn Sie ihm das Kommando geben, auf der Sachebene für beide verständlich. Es ist beiden bewusst, was damit gemeint ist. Bleibt Ihr Hund nicht stehen und rennt aus dem Haus, so können wir auch das auf der Sachebene beobachten. Jedoch können wir aus dem gezeigten Verhalten auch gewisse Rückschlüsse auf die Beziehungsebene ziehen. Beispielsweise, dass es dem Hund in diesem Moment wichtiger ist, seinem Bedürfnis zu folgen, das Haus zu verlassen, als dem Bedürfnis des Menschen Folge zu leisten, der möchte, dass der Hund an der Türe auf ihn wartet.

Was Rückschlüsse auf die Beziehungsebene angeht, ist jedoch immer die Summe verschiedener Verhaltensweisen im Miteinander und Alltag ausschlaggebend. Beobachtet man lediglich eine Situation, ist es hochgradig fehleranfällig, zuverlässige Rückschlüsse daraus zu ziehen.

Die Beziehungsebene können wir nicht direkt sehen, sie äußert sich aber ständig im Verhalten von Menschen zueinander, oder von Mensch zu Hund oder Hund zu Hund auf der sichtbaren Sachebene. Dazu beeinflussen Dinge, die auf der

Konditionierte Signale wie Sitz sind im Alltag zwar praktisch, aber nicht zwingend notwendig für eine gute Erziehung

Sachebene passieren, auch stets die Beziehungsebene. Gleichermaßen ist die Beziehungsebene ausschlaggebend dafür, wie Dinge auf der Sachebene ablaufen. Es findet also eine ständige Interaktion beider Ebenen statt.

Beziehung schlägt Kommandos

Das Wort »ausschlaggebend« dürfen Sie hier wörtlich nehmen. Es ist tatsächlich so, dass der unter der Oberfläche liegende Teil – die Beziehungsebene – weitaus mehr Einfluss auf das Verhalten Ihres Hundes hat. Wir sprechen hier ungefähr von einem Verhältnis von 80 zu 20–80 Prozent Beziehungsebene und 20 Prozent Sachebene. Es liegt jedoch in der Natur des Menschen, sich auf die direkt sichtbaren Dinge zu fokussieren, und das nicht nur in der Mensch-Hund-Beziehung.

Nach dem berühmten Psychoanalytiker Sigmund Freud erfolgt eine Verhaltenssteuerung auch bei uns Menschen zu lediglich 20 Prozent auf der bewussten Ebene. Demnach wird unser Verhalten in bestimmten Situationen, also welche Entscheidungen wir treffen und welche Emotionen wir erleben, zu 80 Prozent unbewusst gesteuert.

In der Natur verhält es sich oft ähnlich. Auch ein echter Eisberg ist unter der Oberfläche weitaus größer als der sichtbare Teil, der aus der Wasseroberfläche herausragt. Ein Baum mit 1 Meter Kronendurchmesser benötigt beispielsweise etwa 6 Meter Wurzelwerk. Dieses können wir nicht direkt sehen. Der Einfluss ist aber immens, denn ohne die Wurzeln könnte der Baum nicht stehen. Wenn ich mit Hunden und ihren Menschen arbeite, konzentrieren wir uns darum zum Großteil auf die Gestaltung der Beziehungsebene, also dem Teil, der unter der Oberfläche liegt. Hier lassen sich schnell große Wirkungen erzielen, die man dann auch auf der Sachebene bewundern kann.

Viele Hundeschulen beschränken sich jedoch auf das Einüben von konditionierten Verhaltensweisen wie »Sitz«, »Platz«, »Hier«, »Schau« oder »Stopp«. Zwar sind diese Kommandos im Rahmen der Hundeerziehung durchaus hilfreich, jedoch sind sie nur ein kleiner Teil davon. Bei Verhaltensproblemen wird dann auf diese konditionierten Kommandos zurückgegriffen. Wenn der Hund zum Beispiel an der Leine andere Hunde anpöbelt, soll er als Alternativverhalten ein »Schau« zeigen. Hier wird jedoch lediglich versucht, die Symptome zu behandeln.

Dauerhaft lassen sich Probleme aber nur lösen, wenn man die Ursachen angeht. So wird Ihnen eine Kopfschmerztablette herzlich wenig bringen, wenn Ihre Kopfschmerzen von Rücken- und Schulterverspannungen herrühren oder sogar psychisch bedingt sind. Auch hier muss für einen langfristigen Erfolg zunächst die Ursache behoben werden.

Um also die Probleme bei der Wurzel zu packen, bedeutet das, bezogen auf die Mensch-Hund-Beziehung, überwiegend Arbeit auf der Beziehungsebene.

Von der Theorie in die Praxis

Was heißt das nun für den Alltag mit unserem Hund? Nehmen wir einmal an, Sie gehen mit Ihrem Hund spazieren und setzen voraus, dass Ihr Hund die Grundkommandos wie »Sitz«, »Platz« und den Rückruf bereits gelernt hat und diese unabhängig vom Aufenthaltsort, also sowohl zu Hause in der Wohnung, als auch im Garten zuverlässig ausführt.

Ihr Hund rennt also gerade mit anderen Hunden über eine Wiese und hat dabei sichtlichen Spaß. Genau in diesem Moment rufen Sie ihn, weil sie weitermüssen. Und was passiert? Nichts! Ihr Hund rennt weiter mit den anderen Hunden über die Wiese und ignoriert Ihren Rückruf. Ein paar Minuten später kommt Ihr Hund dann zu Ihnen, und Sie gehen zusammen weiter.

Oder Sie entscheiden sich während des Spaziergangs ein Eis kaufen zu gehen und möchten gerne, dass Ihr Hund in der Zwischenzeit an einer bestimmten Stelle auf Sie wartet. Sie sagen Ihrem Hund also das Kommando »Sitz«, was dieser auch befolgt. Während Sie in der Schlange vor der Eisdiele anstehen, beobachten Sie stolz, dass Ihr Hund trotz Ablenkung durch Passanten sitzen geblieben ist. Kurze Zeit später bemerken Sie aus den Augenwinkeln, dass Ihr Hund nun doch aufgestanden ist, da sich ein paar Meter weiter ein anderer Hund genähert hat. Sie geben Ihrem Hund also noch einmal das Kommando »Sitz« und hoffen, dass dieser sich daraufhin wieder setzt. Da er auch dieses zweite »Sitz« von Ihnen ignoriert, wiederholen Sie das Kommando ein weiteres Mal, diesmal aber in einem wesentlich schärferen Ton. Ihr Hund ignoriert Sie wieder. Er ist bereits im Kontakt mit dem anderen Hund, während Sie gerade Ihr Eis vom Verkäufer erhalten. Dabei nehmen Sie wahr, dass die Hunde sich nett beschnuppern und sich anscheinend mögen. Nachdem Sie Ihr Eis bekommen haben, gehen Sie zu Ihrem Hund und sprechen kurz mit dem anderen Hundehalter über die beiden. Es erfolgt aber keine weitere Korrektur Ihres Hundes. Sein Fehlverhalten wird also ignoriert.

Viele Hundehalter kennen genau dieses Szenario. In beiden Fällen soll der Hund ein bereits gelerntes Kommando zeigen. Auf der Sachebene hat der Hund den Rückruf gehört und weiß, dass er daraufhin zurückkommen soll. Auch das Kommando »Sitz« hat er verstanden und weiß eigentlich, dass er sitzen bleiben soll, bis Sie das Kommando wieder auflösen. Die ablenkenden Reize, in diesem Fall der andere Hund, sind aber zu interessant für Ihren Hund, als dass er in dieser Situation noch auf Sie hört. Entweder konnte Ihr Hund aufgrund von Alter oder Trainingszustand in den oben genannten Situationen die Kommandos nicht befolgen, oder aber er wollte es nicht und hat sich bewusst dazu entschieden, Ihre Anweisungen zu ignorieren.

Das Entscheidende dabei ist aber, dass sowohl das Verhalten des Hundes, als auch Ihre Reaktion darauf, sich unmittelbar auf die Beziehungsebene auswirkt – positiv wie negativ.

In den oben genannten Fällen hat Ihr Hund zum einen entschieden, dass ihm andere Dinge wichtiger sind als Sie, sein Mensch. Zum anderen hat er auch gelernt, dass es keine Konsequenzen gibt, wenn er Ihre Anweisungen ignoriert.

In solchen Fällen, in denen der Hund ein Verhalten grundsätzlich gelernt hat, aber es gerade in den entscheidenden Situationen nicht zeigt oder nicht zeigen möchte, fehlt es in der Regel an der Beziehungsarbeit zwischen Mensch und Hund.

Seien Sie konsequent

Es sind die Kleinigkeiten im alltäglichen Umgang miteinander, die große Auswirkungen auf die Beziehungsebene haben.

Im genannten Beispiel wäre es daher gut gewesen, wenn der Hundehalter seine Wünsche auch konsequent umgesetzt hätte. Das heißt konkret: Ignoriert Ihr Hund den Rückruf, dann sollten Sie zum Hund gehen, um ihn einzusammeln. Oder Sie geben ihm, beispielsweise mithilfe einer Schleppleine, das soziale Feedback, dass Sie sich nicht ignorieren lassen. Die Schleppleine fungiert hier als Ihr verlängerter Arm. So haben Sie auch aus größerer Entfernung Einfluss auf Ihren Hund.

Auch bei der Aufgabe, sicher in einem Kommando wie »Sitz« zu warten, wäre es konsequent gewesen, zum Hund hinzugehen und ihn wieder an die Stelle zu setzen, an der Sie ihn ursprünglich abgesetzt hatten. Und das direkt in dem Moment, als der Hund aufgestanden ist.

Bereits beim Sitzenbleiben für ein Foto kommen viele Hundehalter an ihre Grenzen

So lernt der Hund eine ganz entscheidende Sache, nämlich die, dass sein Hundehalter in der Lage ist, Dinge die er verlangt auch durchzusetzen. Er lernt, dass der Mensch seiner Kommunikation treu bleibt, also dass Fehlverhalten korrigiert wird. Er erhält ein direktes soziales Feedback.

Seien Sie pingelig als Hundehalter, auch in Situationen, die Sie als »nicht so schlimm« bewerten. Denn durch solche täglich ablaufenden »Kleinigkeiten« auf der Sachebene wird eine langfristig stabile Beziehungsebene geformt.

Dazu ein kleines Gedankenexperiment:

Im eben genannten Fall würden vielleicht viele Hundehalter das Aufstehen und Beschnuppern des anderen Hundes als nicht weiter schlimm ansehen.

Wie wäre es jetzt aber, wenn Ihr Hund vor einer Straße sitzt und der Hund, zu dem er hinmöchte, auf der anderen Straßenseite entlanggeht?

Stellen Sie sich vor, Ihr Hund steht auf und macht sich auf den Weg über die Straße, während Sie einen Lkw heranrauschen sehen.

In diesem Moment würden Sie wahrscheinlich alles geben, um Ihren Hund davon abzuhalten, über die Straße zu laufen. Vielleicht würden Sie schreien, rasend schnell bei Ihrem Hund sein und ihn festhalten oder für den Fall, dass Sie nicht rechtzeitig bei ihm sein können, sogar die Leine nach ihm werfen, um ihn aufzuhalten.

Was auch immer Sie tun: Es wäre Ihnen extrem wichtig, Ihren Hund aufzuhalten und ihn damit zu schützen. Sie wären schnell, konsequent und deutlich. Damit würden auch Ihr Timing und die Intensität passgenauer sein. Kurz gesagt, Sie wären in diesem Fall sehr wahrscheinlich deutlich besser in der direkten Kommunikation mit Ihrem Hund, als Sie es normalerweise sind.

Nun ist es Ihrem Hund grundsätzlich aber egal, ob dort ein anderer Hund kommt oder er dabei ist, über eine Straße zu laufen. Die Auswirkungen Ihres Handelns als Hundehalter sind für ihn immer die gleichen und beeinflussen direkt die Beziehungsebene zwischen Ihnen und Ihrem Hund. Der Hund macht die Lernerfahrung, dass der Hundehalter schnell, konsequent und deutlich reagiert und in der Lage ist, auf Dinge pingelig zu beharren, oder eben nicht.

Es dürfte jedem klar sein, dass es besser ist, solche Dinge in einer Vielzahl »unwichtiger« Situationen zu üben, als in der gefährlichen Straßensituation. Sind Sie in den »unwichtigen« Situationen immer konsequent, so wirkt sich dies auf die Beziehung zwischen Ihnen und Ihrem Hund aus. Damit steigen die Chancen, dass Ihr Hund in der Situation an der Straße direkt beim ersten Mal auf Sie hört (siehe dazu auch S. 35 Kapitel 4 »Kommunikation und soziale Kompetenz«).

Grundvoraussetzung für das konsequente Handeln des Menschen ist jedoch immer, dass der Hund die entsprechenden Übungen und Kommandos überhaupt gelernt hat und sie umsetzen kann. Hier sollte die Schwierigkeit im Training Schritt für Schritt angepasst werden.

Hundeerziehung ist ein Geben und Nehmen

Wer etwas verlangt, sollte auch schöne Dinge anbieten können. Es wäre toll, wenn der Mensch seinen Hund motivieren kann, wenn der Hund gerne bei seinem Menschen ist und mit ihm viele interessante Dinge erlebt. Dies bedeutet, dass der Mensch für den Hund wichtig und nicht austauschbar ist und der Hund auch freudige Aktivitäten mit seinem Menschen verbindet.

Hat der Hund allerdings immer nur Spaß mit anderen Artgenossen auf der Hundewiese und wird beim Rückruf angeleint, und es folgt wieder die »langweilige« Zeit, in der er langsam neben seinem Halter an der Leine laufen soll, kann ich so manchen Vierbeiner gut verstehen, der die schöne Zeit mit seinen Artgenossen nicht beenden will.

Verstehen Sie mich nicht falsch. Ich bin absolut der Meinung, dass ein Hund auch einfach mal langsam und ohne an der Leine zu ziehen, mit seinem Halter unterwegs sein können muss. Es dreht sich nicht immer nur alles um den Hund und das An-der-Leine-Laufen muss natürlich auch funktionieren.

Allerdings sollte kein Hund dauerhaft die Erfahrung machen, dass er interessante Dinge und Spaß immer nur abseits des eigenen Halters erlebt. Das gemeinsame Miteinander mit dem Hun-

Der Rückruf sollte freudig und positiv sein – aber auch verbindlich

dehalter sollte nicht nur darin bestehen, stur und stetig Kommandos zu befolgen, die für den Hund keinen Sinn ergeben.

Für das Beispiel mit dem Rückruf wäre es daher optimal, wenn Sie Ihrem Hund auch etwas Tolles anbieten, wenn er trotz Ablenkung zu Ihnen zurückkommt. Das kann Futter, soziales Lob, wie Streicheln oder Stimmlob, aber auch ein gemeinsames Spiel sein. Was für den Hund eine Belohnung ist, entscheidet der Hund. Hier sind die Charaktere zu unterschiedlich, um eine allgemeingültige Belohnungsform zu empfehlen. Es sollte Ihr Ziel sein, genau das für den eigenen Hund herauszufinden.

Konsequenz um jeden Preis?

Dass wir konsequent sein sollten im Umgang mit unseren Hunden, müsste nun jedem klar sein. Ich hoffe, ich konnte die Bedeutung und die Auswirkungen auf die Mensch-Hund-Beziehung bereits verdeutlichen.

Es gibt aber auch eine andere Seite der Medaille und damit verbundene Gefahren.

Stellen Sie sich bitte noch einmal das Beispiel mit den spielenden Hunden auf der Hundewiese vor. Mit dem Unterschied, dass Ihr Hund zum Zeitpunkt des Rückrufs gerade im Spiel auf dem Rücken liegt und zwei andere Hunde ihn mehr oder weniger in dieser Position festhalten. Wenn Sie jetzt »falsch« konsequent wären, etwa sauer auf Ihren Hund, weil er nicht kommt, wäre das fehl am Platz. Schauen Sie, ob Ihr Hund zu Ihnen kommen möchte, aber aufgrund der Situation dies gerade gar nicht kann. Ist das der Fall, wäre es natürlich nicht richtig, Ihren Hund für das vermeintliche Fehlverhalten zu tadeln.

Es ist wichtig zu erkennen, wann ein Hund die soziale Unterstützung seines Menschen braucht

Betrachten Sie Situationen deshalb bitte immer genau und seien Sie achtsam, was eine Bewertung des Verhaltens Ihres Hundes angeht. Stellen Sie sich innerlich die Frage, ob Ihr Hund gerade etwas nicht leisten will, oder aber ob er es gerade nicht leisten kann, weil ihn etwas davon abhält. Dies können externe Gegebenheiten sein wie im Beispiel mit den anderen Hunden, aber auch innere Emotionen wie Angst.

Dazu noch ein Beispiel aus der Praxis:

Bei einer meiner täglichen Gassirunden begegnete mir ein Mann mit seinem sichtbar verängstigten Cockerspaniel. Wahrscheinlich hat dieser einmal dramatische negative Erfahrungen gemacht und dadurch ein Trauma erlitten. Der Cockerspaniel blieb stehen, da er offensichtlich riesengroße Angst vor meinen Hunden hatte. Sein Halter ging jedoch einfach weiter und ließ seinen Hund damit im Stich. Anstatt sich dem Hund zuzuwenden, mit ihm zu kommunizieren und als soziale Stütze durch die Situation zu helfen, erhielt der Hund weder Schutz noch soziale Unterstützung durch sein Herrchen. In einer für den Hund wichtigen und beängstigenden Situation stand er nicht zu ihm, sondern ging einfach weiter.

Der Hund rannte daraufhin kreischend und im Bogen ausweichend an meinen Hunden und mir vorbei, um wieder Anschluss an seinen Halter zu finden.

Wenige Wochen später konnte ich dann die Steigerung dieses menschlichen Fehlverhaltens beobachten. Der Hund war angeleint, und der Mann kam uns mit seinem Hund entgegen. Als wir näher kamen, wechselte der Hund auf die uns abgewandte rechte Seite des Mannes. Damit schuf der Hund eine etwas größere Distanz zu uns, also dem Reiz, der ihm Angst machte. Letztlich hat der Hund hier ein richtiges und verständliches Verhalten gezeigt. Der Mann jedoch hat den Hund durch ständiges energisches Wiederholen des »Fuß«-Kommandos wieder auf seine linke Seite gebracht, sodass zwischen ihm und meinen Hunden auf dem schmalen Weg nur ein paar Zentimeter übrig blieben. Ich konnte sehen, dass der Hund dadurch immer mehr Stress bekam. Er hatte nun also mit zwei Konflikten gleichzeitig zu kämpfen. Einerseits mit seiner Angst, ausgelöst durch die Anwesenheit von meinen Hunden und mir, andererseits durch seinen Halter. Dieser für den Hund wichtige Sozialpartner, der weiter Druck auf ihn ausübte, das Kommando »Fuß« ordentlich auszuführen, anstatt ihn sozial zu unterstützen, indem er ihn beispielsweise aus der Situation herausgenommen oder den Abstand zu meinen Hunden und mir vergrößert hätte.

Stellen Sie sich vor, Sie haben vor etwas große Angst, und Ihr Partner ist deshalb wütend auf Sie und schreit Sie an. Ich glaube ich brauche hier nicht weiter auszuführen, dass das nicht nur nicht zuträglich für eine gute Beziehung zueinander ist, sondern dass das eine Beziehung sehr stark belasten und sogar zerstören kann.

An diesen Beispielen können wir deutlich sehen, wie unterschiedlich Situationen sein können und wie stark individuell angepasst man sich mit seinem Hund auf diese einstellen muss. Natürlich kann es in gewissen Situationen absolut richtig sein, penibel auf ein Kommando oder ein Verhalten des Hundes zu beharren und sich damit durchzusetzen, was die Beziehung zwischen Mensch und Hund dann deutlich verbessert.

Genauso kann es in der falschen Situation, wie ich am letzten Beispiel verdeutlicht habe, auch Gift für die Mensch-Hund-Beziehung sein.

Solche Situationen zu unterscheiden, erfordert eine gewisse Empathiefähigkeit von uns Menschen. Der Hundehalter steht zwingend in der Verantwortung zu erkennen, wann er ein Verhalten von seinem Hund verlangen kann und sich auch entsprechend durchsetzen sollte, und wann es sich um eine Situation handelt, in der der Hund etwas nicht leisten kann. In solchen Situationen sollte der Mensch seinen Hund unterstützen und ihm als wichtiger Sozialpartner beistehen.

Zwei Hunde in der direkten Kommunikation über Körpersprache

Grundvoraussetzungen für das Leben in einer Gruppe

Kommunikation und soziale Kompetenz

Das Leben in einer sozialen Gruppe hat sowohl bei uns Menschen als auch bei Wölfen/Hunden höchste Priorität. Zudem weist unser Sozialverhalten zahlreiche Gemeinsamkeiten mit dem der Hunde auf und hängt entscheidend von der Beziehungsqualität ab. Was bedeutet es nun aber, in sozialen Gemeinschaften zusammenzuleben? Was ist dafür notwendig, dass eine soziale Gemeinschaft funktioniert und vor allem, dass das Leben in dieser auch harmonisch abläuft?

Verständigungsschwierigkeiten

Zum einen muss man sich ausdrücken können, man muss miteinander in Kontakt stehen und kommunizieren können. Als Psychologe kann ich Ihnen sagen, dass es mit der Kommunikation so eine Sache ist. Man könnte sagen, dass eigentlich immer und auch viel kommuniziert wird. Viele von Ihnen kennen wahrscheinlich den berühmten Spruch des österreichischen Kommunikationswissenschaftlers Paul Watzlawick: »Man kann nicht, nicht kommunizieren!«

Dies stimmt tatsächlich, da über Körperhaltung, Gestik und Mimik dauerhaft Kommunikationssignale gesendet werden. Auch in einer Ecke zu stehen, nichts zu sagen und niemanden anzuschauen, hat eine gewisse kommunikative Wirkung auf die Umwelt. Dies gilt sowohl für Hunde als auch für uns Menschen.

Jeder von uns weiß zum anderen aber auch, wie anfällig Kommunikation für Störungen und Missverständnisse ist. Wie viele Menschen fühlen sich von ihrem Gegenüber nicht verstanden, ungerecht behandelt, nicht gehört, nicht gesehen oder missverstanden? Als Folge davon sind sie wütend aufeinander und steigern sich in Probleme hinein. Manchmal hat das reale Gründe, wie ernsthafte Meinungsverschiedenheiten, in vielen Fällen liegt es jedoch an einer misslungenen Kommunikation. Und das, wo wir doch trotz verschiedener Sprachen zu einer Art gehören.

Vielleicht können Sie bereits erahnen, wie viel Potential für kommunikative Missverständnisse besteht, wenn wir mit einer anderen Art verständlich kommunizieren müssen, die auch noch ganz andere Kommunikationskanäle bevorzugt als wir Menschen?

Soziale Kompetenz ist die Basis

Schauen wir uns aber erst einmal an, was neben einer erfolgreichen Kommunikation wichtig ist, um harmonisch in einer Gruppe leben zu können.

Die hier notwendige Schlüsselqualifikation bezeichnet man als soziale Kompetenz.

Trotz intensiver Auseinandersetzung mit psychologischen Forschungen kann man keine allgemeingültige Definition für soziale Kompetenz festlegen.

Fakt ist aber, dass es sich sowohl bei menschlichen Persönlichkeitstests, als auch bei der Beurteilung von Charakteren im Tierreich, um ein mehrdimensionales Konstrukt handelt. Die soziale Kompetenz setzt sich also aus einer Summe von mehreren anderen Fähigkeiten zusammen.

Nach Jens Asendorpf, einem deutschen Psychologen, der sich in seinem Leben mit der Persönlichkeitspsychologie sowie der Psychologie von Beziehungen beschäftigte, setzt sich die soziale Kompetenz aus zwei Komponenten zusammen: Kooperationsbereitschaft und Konfliktfähigkeit.

Sozial kompetente Menschen verfügen demnach über die Fähigkeit, diese zwei eher gegensätzlich scheinenden Verhaltensweisen situativ klug einzusetzen. Sie erreichen damit eigene Ziele in sozialen Beziehungen, ohne die Beziehung an sich zu gefährden.

Kooperationsbereitschaft und Konfliktfähigkeit

Was uns Menschen häufig schwerfällt, darin sind unsere Hunde Meister! Die Mehrheit unserer Hunde ist sowohl kooperativ, wenn es um soziale Interaktionen mit Artgenossen geht, als auch konfliktfähig! Konfliktfähigkeit setzt zunächst einmal eine grundlegende Bereitschaft voraus, einen Konflikt überhaupt anzunehmen und ihm nicht auszuweichen. Gleichzeitig sollte das konstruktiv und sozial intelligent erfolgen. Genau hier scheitern sehr viele Hundehalter, ohne dass sie es merken. Ein Beispiel ist das Laufen an lockerer Leine. In vielen Fällen haben Hund und Halter eine unterschiedliche Vorstellung vom gemeinsamen Spaziergang. Sie möchten einen Hund, der

Konfliktfähigkeit ist ebenso Bestandteil sozialer Kompetenzen, wie Kooperationsbereitschaft

entspannt und an lockerer Leine neben Ihnen herläuft, der Hund möchte lieber schnellstmöglich von A nach B und springt in die Leine oder pöbelt andere Hunde an. Sie haben also einen Konflikt mit Ihrem Hund. Viele Hundehalter sind aber Wochen, Monate oder sogar Jahre so mit ihrem Hund unterwegs, ohne dieses Thema wirklich anzugehen und den Konflikt konstruktiv zu lösen. Wir neigen oft dazu, Konflikten und Problemen eher aus dem Weg zu gehen. Kennen Sie das?

Unter Hunden ist das anders, sie leben im Moment und klären Dinge meist sofort. Ihre Konfliktfähigkeit wird im Idealfall durch eine unverhohlene und abgestufte Kommunikation des Drohverhaltens sichtbar.

Nehmen wir an, ein Hund kaut einen Knochen, und ein Junghund nähert sich diesem und hätte den Knochen ebenfalls gerne.

Der Hund mit dem Knochen muss nun zunächst einmal deutlich machen, dass er den Knochen nicht abgeben will. Er wird seine Körperspannung erhöhen (steif werden), wird aufhören zu kauen, den Fang schließen und den Blick direkt in Richtung des anderen Hundes richten und ihn damit fixieren.

Das könnte bereits reichen, wenn der andere Hund auf die Kommunikationssignale eingeht.

Tut er das nicht und kommt dem Knochen weiter näher, so wird der Hund mit dem Knochen sein Drohverhalten erhöhen. Es folgt ein Nasenrückenrunzeln, es werden Zähne gezeigt, und der Hund fängt an zu knurren. Das Drohverhalten ist spätestens jetzt auch für unerfahrene Hundehalter zu erkennen.

Reagiert der sich nähernde Hund weiterhin nicht, schnappt der ältere Hund vielleicht kurz nach dem sich nähernden oder scheucht ihn ein Stück weg. Je nach Reaktion des anderen Hundes kann es auch zu einem Kampf kommen. Selbst in einem solchen Szenario könnte der Kampf jedoch noch »gehemmt« ablaufen. Das bedeutet, dass dem Gegenüber keine ernsthaften Verletzungen zugefügt werden. Eine Beißhemmung ist weiter aktiv.

Im beschriebenen Fall handelt der ältere Hund sozial kompetent. Er zeigt ein abgestuftes Drohverhalten, welches konfliktvermeidender Natur ist und dem sich nähernden Hund mehrmals die Möglichkeit gibt, den Rückzug anzutreten. Kommt es zu einer Auseinandersetzung, die jedoch gehemmt und ohne Verletzungen abläuft, könnten wir selbst das noch als konstruktiv bezeichnen. Denn der ältere Hund ist damit seinen Kommunikationssignalen treu geblieben. Durch deutliches Drohen hat er bereits kundgetan, was folgt, wenn der junge Hund keinen Abstand hält. Hier wäre es inkonsequent, wenn er dann einfach wegginge und dem anderen Hund den Knochen überließe.

Jedoch können wir auch ein solches Verhalten unter Hunden beobachten. Weggehen und nachgeben hätte ebenfalls zu einer Lösung des Konflikts geführt. So kann auch ein Nachgeben unter Umständen sozial intelligent sein.

Sozial unklug wäre es, wenn der junge Hund für ein Stück Knochen einen Kampf und damit eventuell lebensbedrohliche Verletzungen riskiert hätte. Denn ohne die Hilfe des Menschen und ohne tierärztliche Versorgung, könnte jede ernsthafte Verletzung eines Hundes in freier Wildbahn zu einer Infektion und schlimmstenfalls zum Tod führen.

Hunde sollten sich aus diesen Gründen sehr genau überlegen, wie wichtig ihnen das ist, wofür sie gegebenenfalls einen Kampf riskieren könnten.

Sozial inkompetent wäre es jedoch auch, wenn der ältere Hund nicht droht, sondern den jüngeren Hund bei einer gewissen Distanzunterschreitung sofort angreifen würde. Hier fehlt die abgestufte Kommunikation. Dadurch wird dem anderen Hund die Möglichkeit des Abbruchs beziehungsweise Ausstiegs genommen.

Stellen Sie sich das Ganze vor wie eine Verhandlung. Wenn wir Menschen an einem Tisch sitzen, um über eine Sache zu verhandeln, tauschen wir auch permanent Informationen aus, reagieren auf unser Gegenüber und passen unsere Reaktion daraufhin an. Verlässt unser Gesprächspartner etwa nach den ersten Sätzen plötzlich den Tisch oder wirft uns wütend einen Gegenstand an den Kopf, können wir auch von einem inadäquaten Sozialverhalten sprechen.

Durch Konflikte Beziehungen gestalten

Wenn Sie das Beispiel der beiden Hunde betrachten, sehen Sie, wie sich Verhalten gegenseitig beeinflussen kann und wie viele verschiedene Optionen sich, je nach den beteiligten Charakteren, ergeben können. Doch was ist denn nun das Endergebnis dieses Konflikts um den Knochen, was können wir daraus lernen?

Als Ergebnis des Konflikts, wird einer der beiden Hunde den Knochen fressen können, welcher auch immer das am Ende ist. Dies ist aber nur die halbe Wahrheit, an der sichtbaren Oberfläche der Kommunikation.

Sehr viel bedeutender und tiefgreifender ist, dass die Situation eine Wirkung auf die Beziehung der beiden Hunde zueinander hat. Und was in Beziehungen geregelt ist, ist erstens zeitlich wesentlich stabiler und zweitens hat es Auswirkungen auf das künftige Verhalten der Hunde zueinander, und das nicht nur in einer bestimmten Situation, in der es, wie in diesem Beispiel, um einen Knochen geht.

Das bedeutet, dass Hunde Erfahrungen aus Situationen mit einem Sozialpartner auf andere Situationen übertragen können und zeitlich relativ stabiles Verhalten daraus abgeleitet wird! Der Hund wird das gelernte Verhalten also mit hoher Wahrscheinlichkeit auch in zukünftigen Situationen wieder zeigen.

Um noch einmal auf die beiden Hunde zurückzukommen: Es könnte auch sein, dass es den Hunden gar nicht um den Knochen geht, sondern vielmehr um die Beziehung und das Verhältnis der Hunde zueinander. Der sich annähernde Hund legt eigentlich keinen Wert auf den Knochen, legt aber Wert darauf, dem anderen etwas wegnehmen zu können, wenn er das möchte. Das Gleiche gilt für den Hund, der den Knochen hat. Diesem könnte es auf der Beziehungsebene extrem wichtig sein, sich in diesem Konflikt durchzusetzen. Nachdem er den Konflikt jedoch für sich entschieden hat, kaut er noch zwei Minuten an dem Knochen und lässt ihn dann einfach liegen, und es ist ihm egal, wer diesen nun weiter kaut.

Wenn die Beziehung als primäre Verhaltensmotivation dient, dann können wir den Knochen durch beliebig viele Dinge ersetzen. Es kann ein Mauseloch sein, ein Spielzeug, ein Liegeplatz des Hundes, vielleicht sogar ein Socken oder der Kontakt zu einem anderen Sozialpartner (Hund oder Mensch). Sind die Dinge, um die es geht, beliebig austauschbar, dienen die Konflikte in erster Linie der Beziehungsgestaltung der Sozialpartner. Wir reden dann von stellvertretenden sozialen Konflikten. In denen geht es nicht um die Dinge an sich, sondern sie stehen stellvertretend für Konflikte, die auf der Beziehungsebene

Was Hunde früh lernen, fällt ihnen später leichter

gelöst werden oder die Beziehung zueinander gestalten wollen.

Bitte verinnerlichen Sie das! Durch Konflikte, und gleichermaßen durch positive soziale Zuwendung, gestalten Hunde Beziehungen zueinander. Es ist für sie sozusagen ein Instrument, um Beziehungen zu beeinflussen.

Ich möchte, dass wir uns von unseren Hunden hier etwas abschauen und Sie als Hundehalter ebenfalls lernen, mit diesem Instrument zu spielen. Also lernen, stellvertretende soziale Konflikte bewusst zu nutzen, um die Beziehung zu Ihrem Hund zu gestalten (siehe dazu S. 182 Kapitel 14 »Lass uns streiten«):

Denn entscheidet man eine Konfliktsituation – konstruktiv und adäquat – für sich, so hat dies Auswirkungen auf die Beziehung zueinander. Derjenige, der dauerhaft oder häufiger als »Gewinner« dieser Konflikte hervorgeht, wird sich in Zukunft viel leichter durchsetzen können und gewinnt an Akzeptanz.

Wenn ich einen Hund im Garten auf einer Decke positioniere und möchte, dass er dort wartet, der Hund jedoch lieber ein Loch in das Beet graben würde, dann haben wir bereits eine Meinungsverschiedenheit beziehungsweise einen Konflikt. Hindere ich den Hund dauerhaft und verständlich daran, die Decke zu verlassen, akzeptiert der Hund mit Sicherheit irgendwann meine Vorgaben. Dies führt mit hoher Wahrscheinlichkeit dazu, dass der Hund in einer anderen Situation, etwa wenn er mich in einen Biergarten begleitet, zuverlässig auf dieser Decke bleibt, ohne dass wir erneut darüber »diskutieren« müssen. Das haben wir ja bereits hinter uns.

Natürlich muss ich bei solchen Übungen immer den Trainingsstand des Hundes berücksichtigen, und es spricht auch nichts dagegen, den Hund zu belohnen, wenn er das gewünschte Verhalten zeigt. Entscheidend ist aber, dass der soziale Austausch, also das Feedback an den Hund, im Vordergrund steht und zuerst erfolgt. Ansonsten trainiert man sich schnell Hunde, die ein Verhalten nur in der Erwartung eines Leckerchen zeigen. Dieser Umgang mit Konfliktsituationen führt langfristig dazu, dass weniger Konflikte entstehen und vor allem, dass sie leichter und ohne lange »Diskussionen« für sich entschieden werden können.

Konflikte auszutragen führt also langfristig zu mehr Harmonie in Beziehungen und nicht zu einer Verschlechterung der Beziehung!

Einer der größten Irrtümer in der Hundewelt ist es zu glauben, dass eine harmonische Mensch-Hund-Beziehung nur durch ausnahmslos nettes Verhalten und Leckerchen erreicht werden kann. Werden Konflikte jedoch komplett vermieden, entspricht das nicht der Natur von uns Menschen oder der unserer Hunde. Wir behandeln mit allen verbleibenden Trainingstechniken nur Symptome an der Oberfläche, anstatt die Probleme bei der Wurzel zu packen und uns den echten Ursachen der Symptome zu widmen.

Konflikte sind zum Lösen da

Konflikte sind auch bei uns Menschen Bestandteil sozialer Beziehungen. Leider werden diese nicht immer konstruktiv ausgetragen. Anstatt sie direkt anzugehen und zu lösen, schleppen wir sie oft tagelang mit uns herum. Das Schlimme daran ist, dass sie bei uns negative Gefühle und Gedanken auslösen, die uns häufig stark belasten. Wir neigen dazu, Probleme auf gedanklicher Ebene zu lösen, indem wir mit unseren Gedanken entweder in der Vergangenheit oder in der Zukunft sind. Dies erhält jedoch Emotionen wie Wut aufrecht, obwohl sie eigentlich kurzfristiger Natur sind.

Hier könnten wir uns vielleicht noch etwas von unseren Hunden abschauen.

Geraten zwei Hunde aneinander, gibt es meist eine kurze Rangelei, etwas Gebell oder ein lautes Knurren. Nach der Begegnung ist die Emotion aber in Kürze wieder abgeklungen, und die Hunde laufen wieder freudig schwanzwedelnd durch die Gegend. Hunde leben stets im Hier und Jetzt. Sie machen sich keine Gedanken über vergangene und zukünftige Situationen.

Beispiel aus der Praxis: Warum es wichtig ist, Konflikte auszutragen

Die Fakten

Vor ca. einem Jahr kam eine Familie mit ihrem zweijährigen Labradorrüden Samy zu mir ins Training. Vorab schilderte mir die Familie, dass Samy an der Leine eine Aggression gegen andere Hunde hat. Er zeigte diese vermutlich aus Angst oder Unsicherheit, und sie waren schon bei zwei anderen Hundeschulen, die ihnen nicht weiterhelfen konnten. An unserem ersten Termin erschien dann ein sportliches Paar mittleren Alters. Das Paar gab an, ansonsten keine weiteren Probleme mit Samy zu haben, er sei jedoch ihr erster Hund.

Viele Probleme sind auf den ersten Blick gar nicht sichtbar

Verhaltensanalyse

Bevor wir mit dem Training anfingen, erfolgte eine Analyse der Beziehung der Halter zu ihrem Hund. Ich möchte mir immer erst ein Bild der Gesamtsituation machen. Ohne eine ausführliche Verhaltensanalyse ist meiner Meinung nach ein Training im Aggressionsbereich so sinnvoll wie Zähneputzen mit Nutella.

Schnell wurde klar, dass Samy kein ängstlicher oder unsicherer Hund ist. Samy orientierte sich nicht sonderlich an seinen Bezugspersonen, zog an der Leine voran und hörte auf den Rückruf nur, wenn gerade nichts anderes, Spannenderes passierte. Ansonsten war Samy aber ein echt netter Kerl. Er war freundlich, interessiert und kooperativ allem gegenüber, was ich ihm präsentierte.

Nachdem einige Grundlagen, wie »Sitz«, »Bei Fuß« laufen und an einer Stelle warten, während der Analyse nicht gut funktioniert hatten, wollte mir das Pärchen unbedingt zeigen, was Samy alles kann und führten mir mit ihm einige Kunststückchen vor. Dafür gab es als Belohnung natürlich immer ein Stück seiner Lieblingsfleischwurst.

Samy schaffte es jedoch nicht, in einem Kommando zu bleiben, wenn er durch Futter oder ein Spielzeug abgelenkt wurde.

Das Paar berichtete, dass sie aus einer Hundeschule kamen, die rein mit positiver Verstärkung arbeitet. Sie haben Samy viel mit Leckerchen belohnt, sogenannten Superjackpots, wenn er etwas besonders gut gemacht hat, und mit dem Klicker ein Verhalten bestätigt, das sie sich von ihm wünschten. Negatives Verhalten sollten sie ignorieren. So sollten sie es auch in den Hundebegegnungen machen: klicken, wenn der Hund sie anschaut, und darauf hintrainieren, dass Samy den Blick immer länger hält, ohne in sein aggressives Verhalten zu fallen. Das machten sie jetzt bereits ca. sechs Monate ohne wirklichen Erfolg.

Hier wird deutlich, wie falsch die Beratung der Hundeschulen war. Das Problem war nicht nur die Leinenaggression. Diese war zwar das Verhalten, welches die Hundehalter störte und das jeder sehen konnte, jedoch lag die Ursache ganz woanders. Samy hatte Kommandos wie »Sitz« und »Platz« lediglich auf der formellen Ebene erlernt. Er wusste also, was er tun sollte. Nur in den entscheidenden Situationen, also bei Begegnungen mit einem Artgenossen, interessierte er sich nicht mehr für das als Belohnung in Aussicht gestellte Futter und fiel, anstatt die Kommandos zu befolgen, in seine Aggression. Die Probleme waren also ausschließlich auf der Beziehungsebene zu lösen. Samy wurde von seinen Haltern nie begrenzt. Dieser Hund erfuhr nie negatives Feedback von seinen Menschen. Sie sagten ihm nie, was er nicht tun soll. Das ist ebenso schlimm, wie dem Hund nicht zu erklären, welches Verhalten gewünscht ist.

Damit erhielt Samy von seinen Haltern nie das für Hunde so wichtige soziale Feedback.

Der Lösungsweg

Wir haben das Training dann komplett umgestellt. Die Halter hatten die Aufgabe, mit Samy Kommunikationsübungen, Akzeptanzübungen und Übungen zur besseren Orientierung am Menschen zu machen, welche Auswirkungen auf die Beziehungsebene haben. Damit mussten sie das erste Mal mit Samy auf Augenhöhe kommunizieren. Hierbei lernten sie sowohl spielerisch Grenzen zu setzen als auch eine nette soziale Kommunikation mit ihrem Hund (siehe dazu auch S. 35). Auch das Zusammen-Spielen – ohne Hilfsmittel und Gegenstände – haben wir geübt. Leider bestand bis dahin das Spiel für die Halter meistens darin, einen Ball für Samy zu werfen.

An der Leinenaggression arbeiteten wir erst einmal gar nicht.

Nach drei Wochen Training kamen die Halter mit strahlenden Gesichtern in die Hundeschule. Samy sei wie ausgewechselt und interessiere sich nun viel mehr für sie.

Mit den erworbenen neuen Handlungskompetenzen widmeten wir uns nun dem Problem der Leinenaggression. Durch die geleistete Vorarbeit und die Vorgabe eines klar definierten Handlungsspielraums war diese dann auch innerhalb einer Woche Geschichte.

Fazit

Vergegenwärtigen wir uns noch einmal, dass die Konfliktfähigkeit wissenschaftlich eindeutig als wichtiger Bestandteil sozialer Kompetenz angesehen wird. Im Umkehrschluss ist also konfliktfreies Training nicht sozial kompetent, da ein wichtiges Element der sozialen Kompetenz fehlt. Dadurch gerät jede soziale Beziehung, sowohl bei uns Menschen, als auch bei unseren Hunden oder zwischen Mensch und Hund, aus dem Gleichgewicht!

Auch beim sozialen Lernen, welches für Menschen und Hunde so wichtig ist, lernen Hunde aus der Reaktion des Sozialpartners, egal, ob dieser ein anderer Hund oder ein Mensch ist. Sie erhalten ein soziales Feedback auf ihr Verhalten und können dadurch unmittelbar lernen.

Versuchen wir nun aber unseren Hunden, wie im Fall Samy geschehen, ein unerwünschtes Verhalten dadurch abzutrainieren, dass wir ihnen ein anderes antrainiertes Kommando geben, wie ein »Schau«, ein »Sitz« oder die Aufgabe einen Dummy zu tragen, erhalten sie kein direktes soziales Feedback mehr von uns. Mit viel Glück und wenn der Hund auf das als Belohnung versprochene Motivationsobjekt anspringt, kommen wir auch so durch eine Situation.

Allerdings haben wir unserem Hund nie mitgeteilt, was wir, als wichtigster Sozialpartner des Hundes, von seinem Verhalten halten. Damit nehmen wir ihm die Chance, sich entsprechend anzupassen. Ich finde, dass wir Hundehalter die Verantwortung dafür haben, unserem Hund echtes soziales Feedback zu geben. Alles andere ist unfair.

Weitere Merkmale sozial kompetenten Verhaltens

Neben Kooperationsbereitschaft und Konfliktfähigkeit gibt es noch weitere wichtige Eigenschaften, die kennzeichnend sind für sozial kompetentes Verhalten. Diese werden aber in der Regel von unseren Hunden bereits mitgebracht, da sie in ihrer Natur liegen.

Empathie

Sie beschreibt die Fähigkeit, sich in andere Lebewesen hineinzuversetzen und insbesondere deren emotionale Lage einschätzen zu können. Dies funktioniert in der Regel auch artübergreifend recht gut. So wird ein auf den Menschen sozialisierter Hund anhand unserer Körpersprache, Gestik, Mimik und Stimmlage ohne Übung erkennen können, wenn wir traurig sind. Durch seinen hervorragend ausgeprägten Geruchssinn ist der Hund sogar in der Lage, unseren hormonellen Zustand richtig zu interpretieren.

Aber auch ein Mensch wird einen Hund, der knurrend und Zähne zeigend vor ihm steht, wahrscheinlich – oder besser gesagt, hoffentlich – richtig einschätzen und erkennen, dass dieser gerade droht und er besser keinen weiteren Schritt auf ihn zu machen sollte.

Hunde haben ein feines Gespür für das Innenleben anderer Hunde und Menschen

Motivation ist alles

Motivation können wir als Summe aller Antriebskräfte definieren, die ein Handeln auslösen. Bezogen auf unsere Hunde ist es wichtig, zwischen der sogenannten intrinsischen und der extrinsischen Motivation unterscheiden zu können.

Intrinsisch motiviert ist ein Verhalten immer dann, wenn es von einem Individuum eigenständig ohne äußere Belohnungen oder Anreize gezeigt wird. Bei Hunden kann dies das Jagdverhalten sein. Zwar steht auch hier genau genommen eine Belohnung für den Hund in Aussicht, nämlich ein Reh, das nach erfolgreicher Jagd gegessen werden kann. Jedoch ist es so, dass der Hund dieses Verhalten aus sich selbst heraus zeigt und es bereits während der Tätigkeit selbstbelohnend ist. Es macht dem Hund schlichtweg Spaß, einem Wildtier hinterherzurennen.

Dies liegt auch an der damit einhergehenden hohen Dopaminausschüttung bei solchen Tätigkeiten. Dopamin ist zum einen ein vom Gehirn ausgeschütteter Neurotransmitter, also ein chemischer Botenstoff, der mit der Erregungssteuerung und -aktivierung zu tun hat, und zum anderen ein Hormon, welches als sogenanntes Glückshormon bezeichnet wird. Das Gehirn belohnt sich also selbst durch die Tätigkeit an sich. Bei Hunden ist dies oft das schnelle Rennen beziehungsweise Hetzen. Ob der Hund einem Reh oder einem Ball hinterherjagt, ist hierbei zunächst einmal egal. Im Gehirn treten dieselben Effekte auf und ein entsprechender Hormoncocktail wird ausgeschüttet.

Vom harmlosen Bällchenspielen zum Balljunkie

Leider macht dieser Hormoncocktail sehr schnell süchtig und versetzt unsere Hunde in einen Zustand, in dem sie nur noch darauf fokussiert sind, in diesen Rauschzustand zu gelangen. Klares rationales Handeln und gute Entscheidungen rücken immer mehr in den Hintergrund, während emotionale Entscheidungen und spontane Handlungen in den Vordergrund geraten. Unsere Hunde sind in diesem Zustand nicht mehr gut zugänglich und befinden sich in einer Art Tunnel.

Vielleicht kennt der ein oder andere Hundehalter Hunde nach dem Ballspielen? Hier kann man in das typische Dopamingesicht schauen. Die Hunde sehen einfach »gaga« aus. Häufig werden solche Hunde dann als Balljunkies bezeichnet, und das nicht einmal mit einem schlechten Gewissen. Wir sollten uns jedoch vor Augen halten, dass ein Junkie letztendlich jemand ist, der abhängig von einer Substanz ist. Auch wenn, wie in diesem Fall, der Körper die Substanz selbst produziert, ist diese Abhängigkeit nicht gut für unsere Hunde. Hier gibt es diverse bessere Beschäftigungen und Auslastungsmethoden als das Ballwerfen (siehe Seite 112, Kapitel 10 »Spiel und Spaß«).

Bereits durch kleine Veränderungen kann jedoch eine sinnvolle Beschäftigung für den Hund erreicht werden. Lasse ich etwa meinen Hund an einer Stelle sitzen und warten, verstecke dann einen Ball, ein Dummy oder Spielzeug im hohen Gras, sind ganz andere Fähigkeiten gefordert.

Der Hund muss zunächst einmal geduldig an einer Stelle sitzen bleiben. Das bedeutet, dass er seine Impulse hinterherzulaufen kontrollieren muss (Impulskontrolle). Schicke ich den Hund dann los, um den Gegenstand zu suchen, wird er versuchen, sich daran zu erinnern, wo ich etwas versteckt habe (kognitive Leistung). Bei der Suche wird er hauptsächlich seine Nase einsetzen, um den Gegenstand zu finden (Nasenarbeit).

Die Sucharbeit ist für Hunde sehr anstrengend und erfordert, im Gegensatz zum reinen Hetzen, eine Menge an Konzentration. Die körperliche Auslastung ist durch die Sucharbeit und die dabei zurückgelegte Strecke ebenfalls gewährleistet.

Sie sehen also, dass die Art der Auslastung und wie man diese gestaltet, großen Einfluss darauf hat, welche Fähigkeiten bei unseren Hunden trainiert werden.

Ein positives Beispiel für intrinsische Motivation ist das Sozialverhalten und das Leben in einer Gruppe. Das harmonische Zusammenleben mit Sozialpartnern ist – wie das Jagen – ebenfalls ein selbstbelohnendes Verhalten für unsere Hunde und muss daher nicht zusätzlich belohnt werden.

Motivation für das Leben in einer sozialen Gemeinschaft bringen unsere Hunde von Geburt an mit. Genauso ist es mit dem »Sich-Lösen«. Macht Ihr Hund sein Geschäft, ist die damit einhergehende Erleichterung selbstbelohnend.

Beim konzentrierten Apportieren werden ganz andere Fähigkeiten trainiert als beim kopflosen Hinterherhetzen von Gegenständen

Von **extrinsischer Motivation** reden wir dann, wenn ein externer Reiz ausgelöst wird und ausschließlich dadurch eine Handlungsmotivation entsteht. Beispielsweise, wenn wir unserem Hund einen Keks präsentieren und dieser dafür Pfötchen geben soll. Die extrinsische Motivation spielt allerdings in diesem Buch nur eine untergeordnete Rolle. Soziale Kompetenz, sowohl bei uns Menschen als auch bei unseren Hunden, lässt sich in verschiedene Facetten unterteilen.

Folgend die Facetten der sozialen Kompetenz:

- Kooperationsbereitschaft
- Konfliktfähigkeit
- Motivation
- Empathie
- Kommunikationsfähigkeit

Grundlegende Kompetenzen müssen in allen Bereichen vorhanden sein, damit ein Leben in der Gruppe harmonisch funktioniert.

Hierarchien in sozialen Gruppen

Wie ist das Zusammenleben in Gruppen organisiert?

Dass und welche sozialen Kompetenzen für das Leben in der Gruppe notwendig sind, ist Ihnen bereits klar, doch wie ist eine Hundegruppe eigentlich organisiert? Welche Auswirkungen hat diese Organisation auf das Zusammenleben und können wir Erkenntnisse, die wir aus Hund-Hund-Gruppen erhalten, auch auf Mensch-Hund-Gruppen beziehen?

Eng mit Rudelstrukturen assoziierte Begriffe wie Rangordnung, Dominanz und Aggression fungieren häufig als sozialer Sprengstoff in Diskussionen unter Hundehaltern und in den sozialen Medien. Mit den folgenden Ausführungen möchte ich etwas mehr Klarheit in diese Begriffe bringen. Meinen Erfahrungen als Psychologe nach, gibt es hier ein grundlegendes Problem, nämlich eine unzureichende Trennung von Wissenschaft und menschlichen Emotionen. Deshalb werde ich auch dazu ein paar Worte verlieren.

Soziogramm – Beziehungen sichtbar machen

Ein Soziogramm ist eine grafische Darstellung von Beziehungen der Individuen innerhalb einer Gruppe. Es entstammt der menschlichen Psychologie und wurde bereits vor über 100 Jahren erstmals von dem österreichischen Psychiater Jacob Levy Moreno angewendet. Er nutzte die Methode, als er 1916 in einem Flüchtlingslager nahe Wien eingesetzt wurde.

Die Menschen, die dort lebten, waren unterschiedlicher Nationalitäten und hatten unterschiedliche politische Einstellungen. Ihr Leben war geprägt von sozialen Nöten, und sie hausten unter elenden Bedingungen, wodurch zahlreiche Konflikte entstanden.

Durch Befragungen ordnete Moreno die Menschen in neue Gruppen, welche überwiegend auf Sympathie basierten, und obwohl die allgemeinen Lebensumstände sehr schlecht blieben, verbesserten sich durch die neue Zusammenstellung die meisten Probleme wesentlich.

Soziogramm in einer Hundegruppe

Erstellt man ein Soziogramm für eine Hundegruppe, muss diese über eine gewisse Zeit hinweg beobachtet werden. Genauer gesagt wird beobachtet, wie oft ein Verhalten gegenüber einem bestimmten Tier gezeigt wird und was dieses Verhalten bedeutet. Hierzu gehören sowohl positive Verhaltensweisen wie das Spiel, gegenseitige Fellpflege, Zusammenliegen oder gemeinsames Laufen, als auch agonistische Verhaltensweisen wie Angriff, Kämpfe oder Drohungen.

Vernetzt man nun alle Hunde in einer Gruppe grafisch mit Pfeilen, welche etwa durch verschiedene Farben gekennzeichnet sind (Grün = Spielen und Rot = Drohen oder Kämpfen), ergibt sich eine übersichtliche Grafik, die die Summe aller Beziehungen innerhalb der sozialen Gruppe darstellt.

Auch für gemischte Mensch-Hund-Gruppen lassen sich Soziogramme erstellen. Diese Beziehungen können unterschiedlicher Natur sein. Es bilden sich Leittiere heraus, Tiere mit hohem oder niedrigem sozialen Status, Freundschaften und Anführer.

Natürlich werden in der Praxis Verhaltensweisen detaillierter erfasst und auch die Häufigkeit der gezeigten Verhaltensweisen berücksichtigt.

In einer Gruppe entsteht durch die unterschiedlichen Charaktere und Beziehungen der Individuen zueinander eine komplexe Dynamik, welche sich wechselseitig beeinflusst. Die Summe ist hier wieder einmal mehr als ihre Einzelteile. Entnimmt man ein Tier oder fügt ein neues hinzu, kann dies unter Umständen die gesamte Dynamik innerhalb dieser Gruppe verändern.

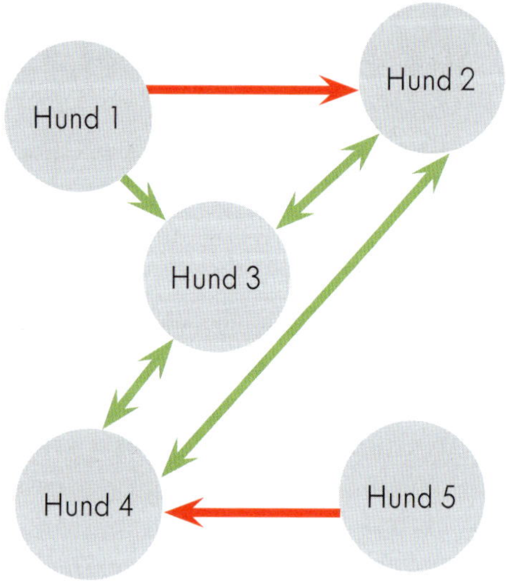

Der grüne Pfeil steht für überwiegend positive Interaktionen, der rote Pfeil für überwiegend negative Interaktionen.

Rangordnung – Viel mehr als eine reine Hackordnung

Immer noch weit verbreitet ist die Annahme, dass es in einem Hunderudel eine strikte Rangordnung gibt, mit einem Alphatier, unter dem sich dann Beta-, Gammatiere usw. einordnen. Ein weiterer Mythos, nämlich der, dass erst einmal das Alphatier frisst, bevor die rangniedrigeren Rudelmitglieder essen dürfen, hält sich auch hartnäckig.

Alle Hundehalter, die denken ihren Hund dadurch beeindrucken zu können, dass er immer erst gefüttert wird, nachdem sie selbst gegessen haben, muss ich nun leider enttäuschen. Die Beziehung zum Hund wird sich dadurch nicht verändern. Soziale Strukturen von Wolf- und Hundegruppen sind weitaus vielfältiger. Eine strikte lineare Rangordnung ist eher selten vorzufinden, und die Aussage, dass immer erst der Ranghöchste frisst, gehört auch in das Märchenbuch. Dies würde – wenn überhaupt – nur bei Nahrungsmittelknappheit passieren.

Es gibt jedoch Unterschiede im sozialen Status der Tiere, also Mitglieder mit einem höheren und einem niedrigeren sozialen Status.

Der soziale Status eines Tieres regelt den bevorzugten Zugang zu Ressourcen, wie Paarungspartner, Liegeplätze, Lebensraum und Futter bei Knappheit. Der Hauptnutzen, solche Zugänge zu Ressourcen zu regeln, besteht jedoch darin, Ernstkämpfe und damit einhergehende Verletzungen zu verhindern.

Auch hier können wir wieder einmal feststellen, dass Unterschiede im Status letztlich dem harmonischen Zusammenleben innerhalb einer Gemeinschaft dienen! Sie sind nicht dazu da, jemanden zu unterdrücken und sollten daher nicht negativ gesehen werden.

Eine klare Struktur in Hundegruppen ist die Basis für ein harmonisches Miteinander

Mehr Struktur durch Hierarchien

Was man sehr schnell beobachten kann, ist, dass sich in einer sozialen Gemeinschaft Über- und Unterordnungsverhältnisse herausbilden. Eine Organisationsform, welche auf Über- und Unterordnungsverhältnissen beruht, nennt man Hierarchie. Sie regelt Entscheidungsmacht, Kompetenzen und, wie bereits beschrieben, einen bevorzugten Zugang zu Ressourcen.

In unserer Gesellschaft sind Worte wie Hierarchie und Entscheidungsmacht häufig negativ verknüpft und werden mit Herrschen oder einer Diktatur assoziiert. Dies ist für die meisten Menschen erst einmal befremdlich, denn zumindest hier in Deutschland leben wir in einer Demokratie und genießen dadurch entsprechende Vorteile.

Insbesondere das Gefühl mitbestimmen zu können und nicht unterdrückt zu werden, ist uns Menschen wichtig. Politisch ist uns über die Wahl einer bestimmten Partei die Möglichkeit der Mitbestimmung gegeben. Auch in Liebesbeziehungen und in Freundesgruppen hat eine Gleichberechtigung hohen Stellenwert und gilt als bevorzugte Form der Beziehungsgestaltung. Wir möchten unseren Mitmenschen »auf Augenhöhe« begegnen, Kompromisse machen, Bedürfnisse anderer berücksichtigen und durch gute Argumente überzeugen. Das ist auch gut so!

Dennoch können gewisse hierarchische Strukturen auch von Vorteil sein. Wir kennen sie zum Beispiel aus beruflichen Situationen. Herrscht Uneinigkeit in einer Gruppe, dann führt das Vorhandensein eines Vorgesetzten, der gleichzeitig auch Entscheidungsträger ist, schlussendlich zu einer Handlung. Wenn ein Vorgesetzter auch über ausreichend Kompetenzen und Fähigkeiten verfügt, kann er durch gute Entscheidungen die gesamte Gruppe weiterbringen, motivieren und dadurch zum Vorteil für alle beitragen.

Davon abgesehen kann es für den Einzelnen durchaus entspannter und einfacher sein, sich auf andere Entscheidungsträger zu verlassen, sofern diese einen guten Job machen.

Denn je höher man in einer Hierarchie verankert ist, desto mehr Verantwortung bringt das mit sich, was nicht selten auch an einem erhöhten Stresslevel messbar ist.

Mehr Verantwortung = mehr Stress

Studien bei Wölfen und freilebenden Hunden belegen den Zusammenhang zwischen Verantwortung und Ranghöhe und einem größeren Stressempfinden der Tiere. Demnach konnte bei ranghohen Tieren eine stärkere Cortisolkonzentration, also eine höhere Konzentration des negativen Stresshormons, nachgewiesen werden.

Je mehr Aufgaben und Verantwortung Kaniden übernehmen, desto mehr Stress scheinen sie zu erleben, was sich in einem erhöhten Erregungsniveau äußert. Letztendlich starben diese Tiere früher als andere. Das hat auch eine große Bedeutung auf die Mensch-Hund-Beziehung, dazu später mehr (siehe Seite 125, Kapitel 11 »Stress beim Hund«).

Hierarchie sorgt für Harmonie – oder warum Demokratie im Zusammenleben mit Hunden nicht funktioniert

Die natürliche artspezifische Organisationsform, in der Hunde leben, ist die Hierarchie. An folgendem kleinen Beispiel wird schnell deutlich, warum wir mit unseren Hunden in keiner demokratischen Gruppe leben können.

Regeln und Grenzen sorgen für Entspannung in der gesamten Gruppe

Nehmen wir an, ich möchte mit meinem Hund zu einem Freilaufgebiet für Hunde spazieren. Mein Vierbeiner bleibt aber kurz vorher an dem schönen, großen Feld des Bauern stehen und würde gerne einmal die dort laufenden Hühner aufscheuchen. In einer demokratischen Abstimmung hätten wir nun ein Problem, die Stimmen stünden 1 : 1, also unentschieden. Da ich Mehrhundebesitzer bin, bin ich allerdings selten nur mit einem Hund unterwegs. Da meine Hunde Nora und Louis sich meistens einig darüber sind, was besonders viel Spaß macht, hätte ich in einer demokratischen Gruppe bereits jetzt ein Problem. Ich würde sehr wahrscheinlich mit 2 : 1 überstimmt werden und »Hühner aufscheuchen« hätte sich durchgesetzt.

Bitte verinnerlichen Sie, dass eine Hierarchie nichts mit Unterdrückung oder Abwertung zu tun hat. In Hundegruppen gibt es Freundschaften und Sympathien, es wird getobt, gespielt, zusammen gekuschelt und gefressen. Dennoch existieren stets Über- und Unterordnungsverhältnisse. Und das soll auch so sein, denn es dient letztendlich dem Frieden innerhalb der Gruppe.

Warum Dominanz nicht immer mit Aggression zu tun hat

Unter Dominanz versteht man in der Biologie und Psychologie, dass ein Individuum oder eine Gruppe gegenüber einem anderen Individuum oder einer anderen Gruppe einen höheren sozialen oder territorialen Status hat, worauf letztere(s) unterwürfig reagiert.

Dominanz kennzeichnet also immer die Beziehung von zwei oder mehreren Parteien/Individuen und setzt auch immer einen submissiven (unterwürfigen) Part voraus. Weiter ist das Dominanz-Konzept etwas, das in der Regel den Ausgang von Konflikten zwischen zwei Hunden vorhersagt. So wird der dominante Part in der Regel der Gewinner dieses Konflikts sein, ohne dass der unterlegene zu Schaden kommt.

»Mein Hund ist dominant« ist also fachlich falsch. Dominanz ist keine Charaktereigenschaft, sondern kennzeichnet wie eben beschrieben eine Beziehung. Es kann zwar sein, dass Sie einen Hund haben, dem der eigene Status wichtig ist und der tendenziell häufiger dominierende Gesten gegenüber anderen Hunden zeigt, als andere Individuen, jedoch gibt es hier keine Allgemeingültigkeit. Einen solchen Hund, der stark nach einem höheren sozialen Status strebt, nennt man sozial expansiv.

Formale versus situative Dominanz

Im Groben kann man zwei Formen der Dominanz unterscheiden: die formale und die situative Dominanz.

Die formale Dominanz ist langzeitstabil und kennzeichnet ein Über- und Unterordnungsverhältnis zwischen zwei Hunden. Sie gibt Aufschluss über deren sozialen Status. Sie ist geprägt durch hochritualisierte Verhaltensweisen, welche insbesondere bei Begrüßungssituationen sehr deutlich sichtbar sind.

Den überlegenen Part kennzeichnet eine aufrechte und große Körperhaltung: aufgerichteter

In der Begrüßungssituation ordnet sich die junge Schäferhündin Zuma ihrem Gegenüber klar unter, was man an ihrer Körpersprache deutlich erkennt

Auch dem Menschen gegenüber signalisieren Hunde so freiwillig den gegenseitigen Beziehungsstatus. Oft wird das Verhalten als Angst fehlinterpretiert.

Nach der Annäherung genießt Ava sichtlich die gemeinsame Zeit mit mir!

Gang mit durchgedrückten Gelenken, aufgerichtete Kopf-, Ruten- und Ohrenhaltung. Den submissiven Part erkennt man an dem »Sich-klein-Machen«. Die Körper-, Kopf- und Rutenhaltung ist niedriger. Häufig begibt sich dieses Tier bewusst unter den Kopf des anderen, und es wird das Maul oder die Schnauze geleckt.

Auch wenn die formale Dominanz das Langzeitverhältnis zwischen zwei Individuen gut kennzeichnet, bedeutet das keineswegs, dass dem ranghöheren sämtliche Privilegien überlassen werden – zumindest nicht freiwillig.

Ansprüche auf ein Spielzeug, Futter oder ein kuscheliges Hundebett, in dem man gerade liegt, werden mittels situativer Dominanz geltend gemacht. Hier kann auch der im Status unterlegene Part knurren, den anderen Hund mit dem Blick fixieren, Zähne zeigen oder sogar abschnappen oder vorstoßen. Manchmal passiert das auch einfach als Protest gegenüber Ansprüchen, die von einem ranghöheren Tier geltend gemacht werden wollen.

Obwohl meine beiden Hunde ein Paar aus Rüde und Hündin sind, ist das formale Dominanzverhältnis bei jeder Begrüßung zu sehen. Nora macht sich klein, leckt Louis die Maulwinkel und verhält sich unterwürfig. Ist sie aber, nachdem ich mit ihr gespielt habe, im Besitz eines Zergels oder eines anderen Spielzeugs, knurrt sie und zeigt die Zähne, wenn sich Louis nähert. Dieses Verhalten ändert aber nichts am formalen Verhältnis der beiden zueinander.

Ganz entscheidend hierbei ist, dass das langzeitstabile Dominanzkonzept auf Freiwilligkeit beruht. Der Rangniedere ordnet sich freiwillig dem Ranghöheren unter, um so Teil der Gemeinschaft und der Gruppe zu bleiben. Indem er dadurch zwar auf gewisse Privilegien verzichtet, kommt er in den Genuss des Zusammenlebens als Gruppe mit allen Vorteilen, die sich daraus ergeben, wie dem gemeinsamen Schutz der Gruppe und der Verteidigung eines Lebensraums, größeren Chancen beim Nahrungserwerb und engen positiv sozialen Beziehungen.

Ein Dominanzverhältnis kann langfristig nicht durch aggressives Verhalten oder permanente Unterdrückung des anderen stabil gehalten werden. Stabil kann es nur durch die Akzeptanz des rangniederen gegenüber dem ranghöheren Tier werden.

Dominanz hat daher insgesamt wenig mit Aggression zu tun. Denn stabile formale Dominanzbeziehungen dienen genau dazu, Aggressionen und ernsthafte Konflikte zu vermeiden. Ist die Beziehung zwischen zwei Tieren auf diese Art und Weise klar geregelt, sind ernsthafte Konflikte in der Regel nicht zu erwarten.

Konfliktpotenzial

Ganz anders sieht es aber aus, wenn es einen Konflikt zwischen zwei Hunden gibt, bei dem keiner von beiden nachgibt. Somit ergibt sich auch kein stabiles Dominanzverhältnis. Dies kann mitunter wirklich gefährlich werden und zu ernsthaften Konflikten führen.

Vor allem auch dann, wenn zwei Hunde in einem Haushalt leben, sollte das Dominanzverhältnis der beiden zueinander geklärt sein, um dauerhafte Konflikte zu vermeiden. Bei Begrüßungssituationen ist dieses Verhältnis anhand der eben beschriebenen Körperhaltungen deutlich sichtbar.

Begegnen sich die beiden Hunde mit aufrechter Körperhaltung, aufgestellter Rute und gerichtetem Blick, sprechen wir vom Imponier- oder Drohverhalten. Hier müssen Sie aufpassen.

Besonders misstrauisch sollten Sie werden, wenn die Tiere sich meiden, es also gar keine direkte Auseinandersetzung miteinander gibt. Das Meiden kann zwar eine Lösungsstrategie der Hunde sein, den Konflikt zu umgehen, dieser bleibt jedoch weiterhin bestehen, und Sie können davon ausgehen, dass er zu einem späteren Zeitpunkt erneut ausgetragen wird.

Manchmal tragen Hunde einen Konflikt auch aus, indem sie in einen körperlichen Kampf geraten. Solche Kämpfe sind meist hochritualisiert. Laufen diese Kämpfe gehemmt ab, also indem eine Beißhemmung weiterhin aktiv ist, entstehen dabei keine ernsthaften Verletzungen. Kleine, meist harmlose Kratzer oder Schrammen, sind jedoch häufig vorhanden. Solche Kämpfe nennt man Komment- oder Showkämpfe, weil sie eher Kraft und Kampffähigkeiten demonstrieren, als dass ernste Verletzungsabsichten im Vordergrund stehen. Der Übergang in Ernstkämpfe ist jedoch fließend, und hierbei entstehen schnell ernsthafte Verletzungen, und es wird gefährlich für die Hunde.

Maulkorb als Mittel der Wahl?

Unterbindet man diese Kämpfe zu früh oder stärkt man als Hundehalter den falschen Hund, wird sich kein Rangverhältnis etablieren und solche Auseinandersetzungen werden sich in der Regel wiederholen und verstärken. In der Verhaltenstherapie kann es also sinnvoll sein, die Hunde mit einem Maulkorb abzusichern, damit keine Verletzungen entstehen können und solche Kämpfe dann unter Beobachtung zunächst etwas laufen zu lassen, in der Hoffnung, dass ein stabiles Über- und Unterordnungsverhältnis etabliert werden kann

Dieses Vorgehen beschreibt jedoch eine Ausnahme, da hier zunächst Aggression eine Rolle beim Etablieren einer Dominanzbeziehung spielt. Aber auch in einem solchen Fall muss das Ergebnis dann aus der Akzeptanz eines Hundes bestehen, der die höhere Position des anderen anerkennt. Passiert dies, können Konflikte in Zukunft vermieden werden, und die anfänglichen Reibungen

Holen Sie sich kompetente Hilfe

Sollten Sie Probleme im Aggressionsverhalten mit Ihrem Hund oder zwischen zwei Hunden haben, suchen Sie sich bitte professionelle Hilfe. Es ist für Laien äußerst schwierig, hier richtig zu handeln und das Training auf eigene Faust zu probieren. Dies verschlechtert die Situationen oft und kann ernsthaften Schaden anrichten.

Jeder Hund und jede Beziehung sind individuell. Aus diesem Grund sollten Sie weder selbst experimentieren, noch Tipps oder Ratschläge aus dem Internet ausprobieren.

Lassen Sie sich unbedingt von einem Hundetrainer begleiten, der sich auf das Aggressionsverhalten spezialisiert hat. Es gibt viele gute Hundetrainer, die sich mit der normalen Ausbildung von Familienhunden beschäftigen, aber mit solchen Problematiken überfordert sind. Dies ist auch nicht schlimm, denn genau wie bei Ärzten gibt es auch bei Hundetrainern Spezialisten, die sich auf verschiedene Fachrichtungen spezialisiert haben.

Nutzen Sie diese Möglichkeit und lassen Sie sich von einem Profi an die Hand nehmen. Das kann Ihnen einiges an Ärger ersparen.

haben letztendlich dazu geführt, dass ein harmonisches Zusammenleben möglich ist.

Wenn es einfach nicht passt

Manchmal gerät man aber auch an zwei Hunde, zwischen denen es einfach nicht passt. Diese Erfahrung musste ich in meiner Hundeschule leider auch bereits machen.

Bei einem jungen Pärchen, welches sich neu kennengelernt hatte, brachte jeder Partner eine Schäferhündin mit in die Beziehung. Beide kämpften immer wieder miteinander und verletzten sich ernsthaft.

Obwohl wir die Konflikte mit Maulkorb abgesichert nicht permanent unterbanden, mussten wir feststellen, dass einfach kein Hund nachgab. Die Kämpfe endeten nicht und wurden nicht weniger. Leider gab es keine Chance, die Hunde konfliktfrei ohne Maulkorb in einem Haushalt zu halten. Auch diesen Fall kann es geben, was schlussendlich zur Abgabe eines Hundes oder zu einer Trennung führen kann.

Manche Hunde werden nie wirklich Freunde

Ich möchte allerdings betonen, dass solche Fälle äußerst selten vorkommen und auch Ernstkämpfe nicht an der Tagesordnung sind. Die meisten Hunde schaffen es, sich gut sozial zu integrieren. Auch wenn es anfänglich zu Reibereien kommt, stehen diese einer langfristig positiven Beziehung meist nicht im Wege.

Welchen Einfluss hat Status auf die Mensch-Hund-Beziehung?

Auch wenn Menschen und Hunde viele Gemeinsamkeiten im Sozialverhalten aufweisen, gehören wir trotz alledem unterschiedlichen Arten an, was sich im Dominanz- und Submissionsverhalten sowie der Gruppenstruktur bemerkbar macht.

So begrüßen wir unsere Lebenspartner oder Freunde nicht damit, dass wir uns besonders klein machen und uns mit gebeugten Knien nähern, oder aber uns absichtlich groß machen und breitschultrig daherkommen. Die Vorstellung ist zwar amüsant, aber natürlich unrealistisch.

Dennoch gibt es auch hier Parallelen zwischen Mensch und Hund, sowohl kommunikativer Natur als auch in der Strukturierung von Gruppen.

Phasen der Gruppenbildung

In der Sozialpsychologie ist bereits lange bekannt, dass sich auch in Menschengruppen eine gewisse Hierarchie herausbildet und Rollen eingenommen oder unter den Gruppenmitgliedern verteilt werden. Und hierbei ist es egal, ob es sich um sechs Personen handelt, die allein in der schwedischen Wildnis ausgesetzt werden oder um ein neu zusammengestelltes Fußballteam.

Besonders interessant ist die Tatsache, dass Gruppen anfangs, bevor sie gewisse gruppenbildenden Prozesse abgeschlossen haben, nach außen hin nicht gut funktionieren.

Der US-Psychologe Bruce Tuckman entwickelte 1965 dazu ein allgemein anerkanntes Modell, wonach neue Gruppen immer die Phasen Forming, Storming, Norming und Performing durchlaufen. Kurz gesagt muss sich laut diesem Modell eine Gruppe erst kennenlernen, ihre Struktur bilden und gemeinsame Regeln und Normen etablieren, bevor sie nach außen hin effektiv arbeiten kann. Vor allem der Prozess der Strukturierung kann auch mit Konkurrenzkampf um Führungs- und Entscheidungspositionen einhergehen.

Die psychologische Forschung ist sich mittlerweile einig, dass Konzepte der sozialen Macht, Rollenverteilung und Dominanz auch eine wesentliche Rolle bei der Strukturierung von zwischenmenschlichen Beziehungen spielen. Dies ist jedoch hochgradig individuell.

Wie Hunde auf unseren Status reagieren

Sehr interessant ist auch, dass unsere Hunde die Stellung von Menschen in Gruppen oder Familien einschätzen können und unterschiedlich auf sie reagieren, je nachdem welchen sozialen Status sie den jeweiligen Personen zuordnen.

Dazu ein Beispiel aus der Praxis:

Tobi, ein dreijähriger Altdeutscher Hütehund, wurde mit seinem Halterpaar in meiner Hundestunde vorstellig, da er andere Menschen anging. Er knurrte, bellte, sprang in die Leine und hätte fremde Menschen im Zweifel sogar gebissen. Das Interessante war jedoch, dass er dieses Verhalten ausschließlich zeigte, wenn er mit seinem Frauchen allein unterwegs war. War er mit dem Mann der Familie unterwegs, waren Kontakte zu anderen Personen kein Problem. Als ich mir in der Analyse das Paar mit ihrem Hund ansah, wurde schnell klar, dass der Hund eigentlich zu beiden Partnern ein gutes Verhältnis hatte. Er hielt sich sogar deutlich mehr bei der Frau auf. Sie konnte diverse Tricks mit ihm zeigen und Kommandos funktionierten auch ausreichend gut. Sie war nicht berufstätig und verbrachte viel Zeit mit dem Hund - auf Unternehmungen und zu Hause.

Bindung sichtbar machen

Am Schluss wollte ich noch etwas über die Bindung des Hundes wissen. Entgegen vieler Meinungen kann man Bindung nicht direkt mit dem bloßen Auge beobachten. Beziehung zueinander ist immer sichtbar. Bindung nicht. Diese wird jedoch sehr schön mithilfe von Bindungstests sichtbar. Bei einem solchen Test wird zum einen eine Trennungsreaktion beobachtet, zum Beispiel wenn der Mensch den Raum verlässt und den Hund allein zurücklässt, und zum anderen kurzzeitig eine für den Hund bedrohliche Situation hergestellt. Dies kann mithilfe einer Hundeattrappe geschehen, oder durch das Verhalten oder besondere Aussehen eines Menschen herbeigeführt werden. Auch bei solch kurz hergestellten Bedrohungssituationen wird das Bindungssystem sichtbar.

Das Ergebnis war hier eindeutig. Tobi hatte die freie Wahl und hielt sich während des Tests in unmittelbarer Nähe des Mannes auf. Sein Frauchen stand in dieser Zeit in einer anderen Ecke. Ganz nach dem Motto: »Wenn es hart auf hart kommt, bin ich bei meinem Herrchen sicherer.« Tobi gab hier die Verantwortung an den Mann ab und fühlte sich dort besser aufgehoben.

Durch weitere Erzählungen konnte ich feststellen, dass der Mann zwar eher wenig mit Tobi unternahm, ihn aber dennoch gerne mochte. Er gab Tobi aber viel mehr soziales Feedback, übernahm eine führende Rolle im Umgang mit dem Hund und schränkte Tobis Handlungsspielraum intuitiv mehr ein.

Dies ist ein schönes Beispiel dafür, dass sich ein Hund komplett anders verhalten kann, je nachdem mit wem er unterwegs ist oder wie die Beziehung zwischen Mensch und Hund geregelt ist.

Tobis Frauchen lernte daraufhin ihre Stellung gegenüber Tobi zu verbessern, ihn mehr anzuleiten, zu führen und Handlungsspielräume zu regulieren. Fürsorge, Liebe, Aufmerksamkeit und schöne gemeinsame Aktivitäten mussten darunter nicht leiden. Damit konnten wir das Problem innerhalb weniger Wochen lösen. Die Spaziergänge waren dann für beide Partner entspannt.

Zu diesem Praxisbeispiel sei noch erwähnt, dass die engere Bindung an den Mann nichts mit dem Geschlecht zu tun hat. Es gab unzählige Ergebnisse dieses Tests, wo es genau andersherum war und der Hund sich bei seinem Frauchen aufhielt.

Was die Körpersprache über unseren Status aussagt

Was Gruppenstrukturen angeht, gibt es Parallelen zwischen den Arten Mensch und Hund. Wenn wir jedoch unsere Stellung gegenüber einer anderen Person deutlich machen wollen, dann sind diese Kommunikationssignale nicht immer so einfach ersichtlich. Aber auch hier gibt es einige Gemeinsamkeiten.

Wenn wir Menschen unserem Gegenüber bei einem Gespräch die Hand auf die Schulter legen, gilt dies als dominanzanzeigende Geste. Aufrecht stehen, viel Raum und Platz einnehmen und den direkten Augenkontakt lange gerichtet halten, wird ebenso damit in Verbindung gebracht, wie die Wahl von erhöhten Sitzpositionen.

Gegenteilige Gesten wie den Kopf absenken, Blickkontakt ausweichen oder vermeiden, wenig Raum einnehmen oder sich in die Ecke stellen, sowie ein submissives Grinsen – auch Verlegenheitsgrinsen genannt – werden mit Submission oder Unsicherheit in Verbindung gebracht.

Generell sollte man aber jede Geste immer aus dem entsprechenden Kontext heraus interpretieren. Schauen sich zwei verliebte Menschen lange in die Augen, hat das sicherlich etwas mit Verliebtheit zu tun. Ich denke, es liegt auf der Hand, dass man hieraus kein Dominanzduell ableiten kann.

Aber was heißt das jetzt genau für uns Hundehalter? Wie wichtig ist Status in der Mensch-Hund-

In der Hundewelt wird Status klar durch Körpersprache ausgedrückt

Beziehung, und was können wir daraus ableiten? Zunächst einmal sollten wir berücksichtigen, dass jeder Hund anders ist und damit auch der Stellenwert, den der Status in der Mensch-Hund-Beziehung einnimmt, individuell unterschiedlich.

Es gibt Hunde, denen der eigene Status in einer Gruppe extrem wichtig ist. Diese Hunde können auch gegenüber Menschen eine sogenannte statusbedingte Aggression entwickeln und sich aggressiv ihren Menschen gegenüber verhalten. Insbesondere dann, wenn Menschen mit ihren so veranlagten Hunden in einen Konflikt gehen, kann es ohne Maulkorb gefährlich werden.

Es gibt auch einige solcher Hunde, die den Menschen angreifen, wenn dieser aus Sicht des Hundes eine Schwäche zeigt. Bei einem Wesenstest beispielsweise stolpern Menschen extra, machen sich klein, oder fallen hin, woraufhin sie dann möglicherweise von dem zu testenden Hund angegriffen werden. Für solche Hunde gibt es selbstverständlich ganz andere Trainings- und Verhaltensempfehlungen als für Hunde, die ein weniger problematisches Verhalten zeigen.

Ein solches Verhalten hat zum einen eine genetische Ursache, zum anderen hängt es ab von den individuellen Lernerfahrungen des Hundes. Wie ist er aufgewachsen? Was hat er bisher erlebt? Gerade Hunde, die schlechte Erfahrungen mit Menschen gemacht oder aber in ihrem Leben nie Grenzen kennengelernt haben, können sich schlimmstenfalls in eine solche Richtung entwickeln.

Ich kann Sie hier jedoch beruhigen. Der Anteil solcher Hunde an der Gesamtzahl aller Hunde ist wirklich sehr gering. Die meisten Hunde werden schwanzwedelnd angelaufen kommen und ihrem Menschen übers Gesicht lecken, wenn dieser fällt. Und die meisten Hunde fangen auch nicht an, mit Ihnen darüber zu streiten, wem der erhöhte Liegeplatz auf dem Sofa zusteht. Sie kuscheln am liebsten gemeinsam mit ihrem Menschen auf der Couch und lassen sich den Bauch massieren. Das ist für alle Beteiligten viel schöner, als zu streiten.

Seien Sie der beste Chef, den man sich wünschen kann

Wir Menschen haben im Zusammenleben mit unseren Hunden wesentlich mehr Kommunikationsmöglichkeiten als Hunde untereinander. Und das, obwohl Hunde untereinander Muttersprachler und uns daher in der innerartlichen Kommunikation weit überlegen sind.

Hunde brauchen Führung, liebevoll und konsequent

Wir können ihr Verhalten positiv verstärken, wir können sie mit Futter locken, ihnen Streicheleinheiten geben, wir können mit ihnen ein soziales Spiel anfangen oder auch ein Beutespiel mit einem Zergel beginnen, um sie zu belohnen. Auch können wir mit ihnen Dinge zusammen erarbeiten und erleben, die beiden Parteien auf natürliche Weise Spaß machen, sodass diese Zusammenarbeit selbstbelohnend ist. Wir sollten dankbar dafür sein, dass der methodische Werkzeugkasten, über den wir Menschen verfügen, so groß ist.

Ein großer Teil des Zusammenlebens mit dem Hund muss auf Freiwilligkeit, Kooperation und Motivation basieren. Das ist entscheidend. Lassen Sie sich dennoch bitte nicht von negativ verknüpften Begriffen, wie Rangordnung oder Dominanz, abschrecken. Ich habe in meinen Ausführungen eine wissenschaftliche Perspektive auf das Thema gegeben.

Dieses Buch trägt den Titel »Artgerechtes Hundetraining«, was für mich bedeutet, dass wir uns über die Organisationsform im Klaren sein sollten, in der Hunde leben. Hunde, die eine unklare Beziehung zu ihrem Halter haben, sind gestresster, gehorchen schlechter und übernehmen Aufgaben, für die sie gar nicht zuständig sind.

Seien Sie ein Mensch, an dem sich Ihr Hund orientieren kann. Geben Sie ihm Halt und helfen Sie ihm dabei, sich in unserer Gesellschaft zurechtzufinden. Seien Sie verständnisvoll, geduldig und nett zu Ihrem Hund, aber geben Sie ihm genauso klare Handlungsspielräume vor, treffen die Entscheidungen und setzen diese dann auch konsequent durch.

Seien Sie ein Chef für Ihren Hund – aber der beste Chef, den man sich wünschen kann! Seien Sie ein Chef, von dem Ihr Hund seinen Artgenossen erzählt, wie gut er sich bei Ihnen aufgehoben fühlt.

Lift your status – So nimmt Ihr Hund Sie ernst

Nun fragen Sie sich zu Recht, wie Sie zu genau so einem Chef für Ihren Hund werden. Was können Sie konkret tun, um das Zusammenleben mit und die Bindung zu Ihrem Hund zu verbessern? Dann werden die folgenden Seiten spannend für Sie, denn ich gebe Ihnen ein Konzept an die Hand, mit dem Sie Ihren Wert gegenüber Ihrem Hund etwas erhöhen können. Inwieweit das nötig ist, kommt ganz entscheidend auf die Qualität der aktuellen Beziehung an. Diese dürfte bei jedem Hund-Halter-Team unterschiedlich sein.

Noch ein Hinweis: Bitte sehen Sie dieses Kapitel als Vorbereitung auf die im Praxisteil dieses Buches folgenden Übungen. Wir werden hier bereits unterschwellig an der Beziehung zu Ihrem Hund arbeiten. Sie werden sehen, dass kleine Veränderungen bereits große Wirkung haben können.

Wann Leckerchen und Co. die falsche Wahl sind

Eine Grundvoraussetzung in der Hundeerziehung ist, dass ein Hund etwas versteht und in Abhängigkeit des individuellen Ausbildungsstandes trainiert wird. Hierbei arbeiten wir viel über Belohnung und auch über Konditionierungen beispielsweise, wenn wir unseren Hunden Grundlagen wie »Sitz« oder »Platz« beibringen.

Basiert ein Verhalten aber auf Rüpelhaftigkeit, Respektlosigkeit, Aufdringlichkeit oder Ignoranz, kommen wir mit Belohnungen und Konditionierungen nicht mehr weiter. Hier helfen auch keine »Superleckerchen« oder »Jackpotbelohnungen«.

An dieser Stelle ist es sinnvoll, sich über die unterschwellig wirkenden sozialen Mechanismen in der Beziehung zu Ihrem Hund Gedanken zu machen. Denn auch in Ihrer Mensch-Hund-Beziehung nehmen Sie einen sozialen Status ein. Dieser wird Ihnen von Ihrem Hund zugesprochen. Es bringt also nichts, wenn nur Sie glauben, dass Sie in der Beziehung zu Ihrem Hund einen höheren sozialen Status besitzen. Ihr Hund muss das glauben! Letztendlich wird Ihr Hund Ihnen im Alltag exakt das Verhalten spiegeln, das sie ihm gegenüber an den Tag legen.

Darum ist es besonders wichtig, dass wir im Umgang mit unseren Hunden führungskompetent handeln, denn diese sind in der Lage, dies zu erkennen. Zudem wollen Hunde gerne geführt werden. Übernehmen Sie also Führung und Verantwortung, um eine intakte Mensch-Hund-Beziehung zu gewährleisten. Das folgende Konzept wird Ihnen dabei helfen, dass Ihr Hund Sie als Führungsperson anerkennt.

Das IGB-Konzept – Initiieren, Gestalten, Beenden

Zur Veranschaulichung werfen wir auch hier zunächst einen kurzen Blick in die Menschenwelt. Nehmen wir an, eine Geschäftsführerin veranstaltet einen Teambildungsworkshop für ihre Mitarbeiter.

Initiieren: Sie wird Datum und Uhrzeit festlegen, die Einladungen verschicken, mit der Organisation des Events beginnen und es auch am Veranstaltungstag selbst eröffnen.

Gestalten: Sie wird den Tagungsraum in Bezug auf Deko und Sitzordnung gestalten, das Buffet aussuchen, aber auch dafür sorgen, dass es interessante Teambildungsmaßnahmen, Aufgaben und Spiele gibt. Auch den Spaß- und Wohlfühlfaktor für alle Beteiligten sicherzustellen, gehört zu ihrem Aufgabengebiet.

Beenden: Zu einem bestimmten Zeitpunkt wird sie die Veranstaltung offiziell beenden.

Das Konzept lässt sich aber nicht nur auf die Arbeitswelt, sondern zum Beispiel auch auf das Zusammenleben mit Kleinkindern beziehen. Denn bis zu einem gewissen Alter werden die Eltern die Gestaltung des Tages übernehmen. Bei einem Zoobesuch etwa würden die Eltern diesen ankündigen und einen Tag festlegen (Initiieren). Sie würden Rucksäcke mit Essen und Trinken packen, zum Zielort fahren und einen Plan erstellen, wie man am besten durch den Park geht, damit alle Tiere gesehen werden können (Gestalten). Und letztendlich werden sie auch festlegen, wann es zurück nach Hause geht und den Ausflug damit beenden.

Wer gibt in der Beziehung zu Ihrem Hund den Ton an?

Nun würde ich Sie bitten, sich ein wenig Zeit zu nehmen, um den Alltag mit Ihrem Hund zu reflektieren. Überlegen Sie sich, wer in Ihrem Zusammenleben Dinge initiiert, wer sie gestaltet und wer sie beendet.

Damit meine ich insbesondere all die Kleinigkeiten, die – oft unterschwellig – im Alltag ablaufen. Ich gebe Ihnen dazu ein paar Beispiele.

Beispiel 1:
Sie sitzen gerade an einem Tisch und arbeiten am Laptop. Ihr Hund kommt, schiebt seinen Kopf zwischen Arm und Bein hindurch und schaut Sie an. Daraufhin streicheln Sie ihn, schauen ihn an, lassen sich ablenken und beschäftigen sich mit ihm. Er bekommt also Aufmerksamkeit von Ihnen. Als es ihm mit der Streichelei zu viel wird, geht er wieder. Oder aber Sie hören mit dem Streicheln auf, und Ihr Hund stupst Sie mit der Schnauze an oder berührt Sie mit der Pfote, damit Sie weitermachen.

Beispiel 2:
Es ist 18:00 Uhr und Sie sitzen gemütlich auf dem Sofa und sehen fern. 18:00 Uhr ist für Ihren Hund allerdings die reguläre Essenszeit, was er Ihnen jetzt auch mitteilt. Er steht vor dem Sofa und schaut Sie an. Oder er fängt an, unruhig im Raum hin und her zu laufen. Vielleicht pendelt er auch zwischen Küche und Wohnzimmer. Er lässt Sie nicht mehr aus dem Blick, legt vielleicht seinen Kopf auf Ihr Bein und schaut Sie mit seinem Hundeblick an. Reagieren Sie nicht, werden spätestens um 18:30 Uhr auch noch kleine fiepsige Geräusche produziert, die sich anhören, als müsste er nun wirklich leiden. Er geht davon aus, dass Sie Ihrem Versorgungsauftrag

Aufmerksamkeitsheischendes Verhalten ist nicht per se schlimm – wenn der Hund damit jedoch seinen Menschen dauerhaft steuert, kann das zu Beziehungsproblemen führen

bezogen auf seine Ernährung nicht mehr nachkommen.

Beispiel 3:
Ihr Hund möchte raus in den Garten und läuft zur Balkontür und fängt an, mit der Pfote an der Tür zu kratzen. Wir gehen hier einmal davon aus, dass es sich nicht um einen Notfall handelt und er sich lösen muss. Sie stehen auf und öffnen ihm die Tür.

Beispiel 4:
Sie gehen draußen mit Ihrem Hund spazieren und möchten etwas mit ihm spielen, also initiieren Sie und rufen ihn. Er schnüffelt aber gerade an einer besonders interessanten Stelle und lässt Sie links liegen.

Beispiel 5:
Sie waren gerade eine Stunde mit Ihrem Hund spazieren. Jetzt sitzen Sie im Garten. Ihr Hund kommt und fängt an, Sie zum Spiel aufzufor-

dern, macht den Kasper, saust um Sie herum oder schnappt sich vielleicht sogar Ihr Hosenbein und fängt damit ein Zerrspiel an.

Beispiel 6:
Sie haben Besuch und sitzen zusammen am Tisch. Ihr Hund geht abwechselnd von Mensch zu Mensch und wird von jedem gestreichelt. Erhält er keine Aufmerksamkeit mehr, fängt er an, durch die Wohnung zu rennen oder sein Kissen, Ihre Schuhe oder sein Körbchen durch die Wohnung zu schleppen, woraufhin Sie natürlich reagieren müssen und ihm damit wieder Aufmerksamkeit zukommen lassen.

Beispiel 7:
Der Hund löst während des Trainings ein Kommando, etwa ein »Sitz« oder »Bleib«, einfach auf und geht weg.

Diese Liste könnte ich jetzt beliebig weiterführen, und Ihnen fallen bestimmt selbst noch unzählige Momente ein, in denen der Hund Dinge initiiert und Sie – meist unbewusst – darauf reagieren.

Wie unsere Hunde uns manipulieren

Elementar wichtig zu verstehen ist, dass keine dieser Verhaltensweisen an sich schlimm ist und vom Hund auch nicht böse gemeint. Natürlich streichle ich meine Hunde auch von Zeit zu Zeit, wenn Sie von sich aus meine Nähe suchen. Manchmal ist es eine schöne kleine Auszeit, sich auf die Hunde einzulassen und mit ihnen zu spielen oder Ähnliches.

Auch wenn Hunde in den Garten wollen und uns das kommunizieren, spricht an sich nichts dagegen, ihrem Wunsch nachzukommen. Und dass Hunde mal ihre dollen 5 Minuten haben und durch die Wohnung rennen, muss nicht immer dramatisch sein. Ich kenne zudem kaum einen Welpen, der nicht auch einmal total stolz mit stibitzten Schuhen oder Socken durch die Wohnung flitzt.

Es geht hier um die Summe aller Verhaltensweisen im Alltag. Die eben beschriebenen Interaktionen werden immer vom Hund aus gestartet.

Hunde sind Meister darin, Störsignale zu senden. Oft nehmen Menschen das nur unbewusst wahr und reagieren darauf.

Die subtilen Signale, die die Hunde senden, nennen wir »Störsignale«. Diese werden so lange gesendet, beispielsweise an der Tür kratzen, fiepen, nervös werden, und sogar intensiviert, bis der Mensch diesen nachgibt und das vom Hund geforderte Verhalten ausführt. In diesem Beispiel also dem Hund die Tür öffnet oder das Futter zubereitet.

Dieses Verhalten unserer Hunde ist sozial unheimlich raffiniert. Und wir werden manipuliert, ohne es zu merken.

Das Problem ist, dass wir Menschen ein Verhalten des Hundes häufig völlig anders interpretieren und oft auch andere Emotionen dazu haben als der Hund selbst.

Wenn der Hund etwa seinen Kopf auf unser Bein legt und sich an uns drängelt und uns damit unterbricht bei dem, was wir tun, heißt es in der Regel: »Oh wie süß, was er da macht« oder »Er möchte so gerne bei mir sein und braucht meine Nähe«.

Bezogen auf die Fütterung hört man oft: »Mein Hund hat jetzt aber wirklich Hunger und ich muss ihm etwas geben.« Aber glauben Sie denn wirklich, dass es für Hunde wichtig ist, ob sie um 17:00, 18:00 oder 20:30 Uhr ihr Futter bekommen? Wie würde denn ein Leben in freier Wildbahn aussehen? Ein Jagderfolg ist sicherlich nicht für eine bestimmte Uhrzeit planbar.

Distanz schafft Nähe

Schauen Sie nun also bitte einmal aus einer Metaperspektive auf Ihren Alltag mit Hund und stellen Sie sich die Frage, wer diesen Alltag bestimmt. Sind es wirklich Sie, die den Hund leitet und führt? Oder ist vielmehr Ihr Hund derjenige, der permanent initiiert, nach seinen Vorlieben gestaltet und Interaktionen auch beendet?

Wichtig zu verstehen ist, dass all diese kleinen und unwichtig erscheinenden Verhaltensweisen einen Einfluss darauf haben, wie Ihr Hund Sie wahrnimmt und damit letztendlich auch auf Ihren Status ihm gegenüber.

Versuchen Sie einmal zu reflektieren, welche Rolle Ihr Hund im Alltag übernimmt und ob sich alles um ihn dreht oder ob seine Verhaltensweisen Ihnen gegenüber unproblematisch sind. Denn jede Situation kann für sich gesehen auch völlig unproblematisch in Bezug auf Ihre Beziehung sein. Es kommt,

- auf die Summe der IGB-Interaktionen an und
- auf den Charakter des Hundes und seinen Gehorsam Ihnen gegenüber.

Bei unproblematischen Hunden fällt es weniger ins Gewicht, wenn die Aktion auch mal vom Hund ausgeht. Bei einem Hundeverhalten, das auf Rüpelhaftigkeit, Respektlosigkeit, Aufdringlichkeit oder Ignoranz basiert, können Sie jedoch durch Veränderung der Interaktionen große Fortschritte in Bezug auf die Beziehung zueinander erreichen.

Als kleine grafische Hilfestellung können Sie Ihren Hund auf folgender Skala einordnen. Versuchen Sie im Gesamtkontext, einmal ehrlich zu beurteilen, worauf das Verhalten Ihres Hundes wirklich basiert.

Hält Ihr Hund sich im grünen Bereich auf und stimmt zudem der Gehorsam, müssen Sie keine weiteren Maßnahmen ergreifen. Hört Ihr Hund jedoch nicht gut auf Sie, und Sie würden ihn eher im roten Bereich ansiedeln, sollten Sie beginnen umzudenken.

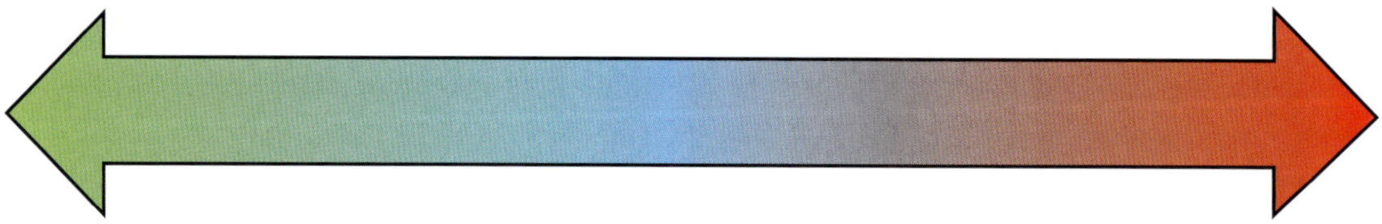

freundlich
respektvoll
liebevoll
Nähe suchend
Schutz suchend

aufdringlich
störend
nervig
immer im Mittelpunkt stehend
gestaltend, fordernd

Leben Sie in Bezug auf Ihren Hund in der nächsten Zeit einmal nach den Sprichwörtern »Distanz schafft Nähe« und »Etwas verwehren steigert Begehren«.

Denn das IGB-Konzept hat großen Einfluss auf Ihre soziale Stellung in der Gruppe. Nutzen Sie es daher in Zukunft bewusst bei der Gestaltung des Alltags mit Ihrem Hund:

- Grenzen Sie sich und Ihre Nähe im Alltag etwas mehr ab. Priorisieren Sie Ihre Aufgaben und gehen Sie bewusst nicht auf die Ideen des Hundes ein.
- Fordert Ihr Hund Streicheleinheiten und drängt sich auf, schicken Sie ihn einfach mal in sein Körbchen und sagen ihm, dass Sie jetzt gerade keine Zeit haben. Dies erhöht auch den Wert Ihrer Zuwendung und beugt sozialer Übersättigung vor.
- Variieren Sie die Fütterungszeiten. Füttern Sie Ihren Hund etwa einen Tag um 17:00 Uhr und am nächsten Tag um 20:30 Uhr. Und besonders wichtig hierbei: Füttern Sie ihn, wenn er ruhig und entspannt ist und nicht, wenn er Sie mit Störsignalen überhäuft.
- Ignorieren oder unterbinden Sie nörgelndes Verhalten.
- Beginnen Sie damit, bewusst Abläufe zu initiieren, zu gestalten und zu beenden.

Nicht alles dreht sich um den Hund

Einen Hund zu halten bedeutet, ihn in unseren Alltag zu integrieren. Er sollte nicht im Mittelpunkt stehen und der Bestimmer in der Familie werden. Auch sollte sich nicht alles den gesamten Tag um den Hund drehen und sämtliche Aktivitäten auf den Hund abgestimmt sein. In der unterschwelligen Kommunikation tut das unseren Hunden nicht gut.

Leider wird der Grundstein hierzu häufig bereits im Welpenalter gelegt. Zieht ein Welpe ein, erhält dieser sämtliche Aufmerksamkeit der Familie, wird mit unzähligen Spielzeugen versorgt und darf so gut wie alles, weil er ja noch so klein und süß ist. Bereits hier lernen die meisten Hunde, dass sie der Mittelpunkt dieses kleinen Universums sind.

Hunde haben bei uns Menschen anfangs Narrenfreiheit, erst wenn sie älter und schwieriger werden, oder sich die ersten Probleme zeigen, versuchen wir, sie einzuschränken und brauchen Lösungen.

In einer Hundegruppe läuft es hingegen genau andersherum. Welpen dürfen erst mal nichts, werden eingeschränkt, und es werden klare Grenzen gesetzt. Damit beginnt die Mutterhündin übrigens ab der 6. Woche. Die Kleinen kennen das also bereits, wenn sie einige Wochen später bei den Menschen einziehen. Es wird zudem Wert auf Respekt und Höflichkeit gelegt und Ressourcen werden verwaltet. Handlungsspielräume werden dann allmählich erweitert.

Dennoch werden sozial positive Verhaltensweisen, wie gemeinsames Spiel, dadurch nicht vernachlässigt. Wobei sich Hunde in Bezug auf das Interesse an gemeinsamen Aktivitäten mit Welpen innerartlich stark unterscheiden. Nicht jeder erwachsene Hund mag Welpen.

Dranbleiben lohnt sich

Wenn Sie zukünftig das IGB-Konzept verstärkt anwenden, kann ich Ihnen zwei Dinge vorhersagen:

- Sie müssen im Alltag reflektiert und achtsam mit Ihrer neuen Rolle umgehen, denn viele unserer Verhaltensweisen nehmen wir gar nicht bewusst wahr. Sie laufen unbewusst ab, und entsprechend schwer fällt es uns, daran etwas zu ändern. Allerdings hat auch niemand behauptet, dass es einfach ist, zu führen und sich einen höheren sozialen Status zu erarbeiten.
- Zudem kann es zu Beginn der Verhaltensveränderung zunächst zu einer Intensivierung des (negativen) Verhaltens Ihres Hundes kommen. Das ist ganz normal. Bleiben Sie konsequent und verbindlich! Es wird sich lohnen, und Ergebnisse werden sichtbar – allerdings verzögert.

Bereits Welpen werden von früh an von der Mutter mit Grenzen vertraut gemacht.

Eine gemeinsame Sprache finden

Kommunikation als Grundlage für alles

In sozialen Gruppen bilden sich automatisch Beziehungen zwischen den Gruppenmitgliedern heraus. Die sozialen Kompetenzen der einzelnen Gruppenmitglieder entscheiden dann über die Art und Weise des Zusammenlebens. Also ob dieses von Harmonie geprägt ist oder ob es ständig zu Auseinandersetzungen und Reibereien kommt. Damit sich Beziehungen jedoch überhaupt gestalten lassen, ist eine Sache unabdingbar: miteinander zu kommunizieren.

Und sosehr sich Mensch und Hund auch im Sozialverhalten ähneln, so unterschiedlich sind sie die Kommunikation betreffend. Hunde können die Körpersprache von uns Menschen ausgezeichnet lesen, sofern sie früh auf den Menschen sozialisiert werden. Wohingegen viele Menschen sich ihren Hunden gegenüber wie Analphabeten verhalten. Und da wir leider nicht erwarten können, dass unsere Hunde anfangen, mit uns zu sprechen, müssen wir lernen, so mit unseren Hunden zu kommunizieren, dass sie uns wirklich verstehen. Doch wie stellen wir das am besten an? Dazu müssen wir zunächst verstehen, wie Kommunikation eigentlich funktioniert.

Das Sender-Empfänger-Modell

Kommunikation bedeutet eigentlich nichts anderes, als Informationen miteinander auszutauschen. Vielleicht kennen Sie das bereits in den 40er-Jahren entwickelte Shannon-Weaver-Modell.

Dieses Kommunikationsmodell ist geläufiger unter dem Namen Sender-Empfänger-Modell. Es besagt, dass jemand eine Nachricht an seinen Kommunikationspartner sendet, dieser die Nachricht entschlüsselt und daraufhin seinem Gesprächspartner ein Feedback gibt.

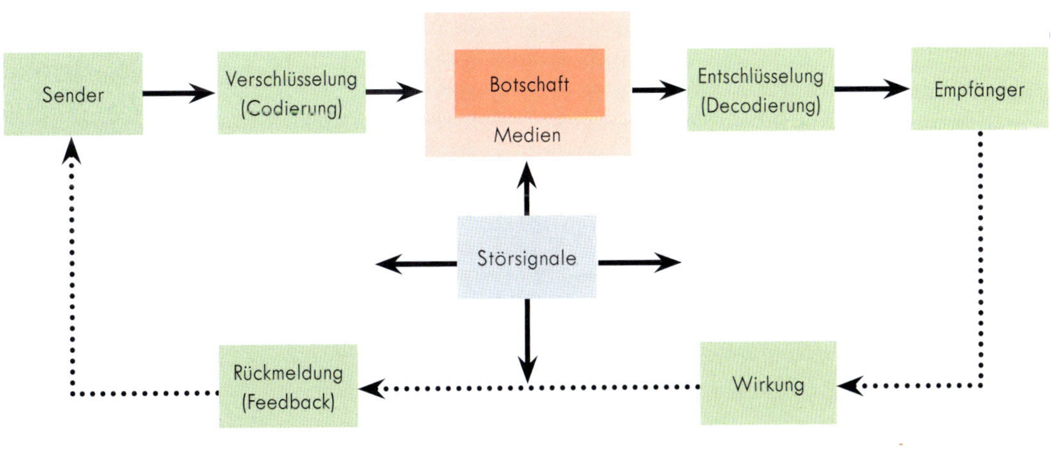

Auf dem Weg vom Sender zum Empfänger muss ein geeigneter Kommunikationskanal gewählt werden, damit der Empfänger die übermittelte Nachricht überhaupt entschlüsseln kann. Dieser ist jedoch anfällig für gewisse Störungen. Wenn Sie etwa zu Ihrem Lebenspartner sagen: »Bitte hole mir doch einmal die Zeitung«, dann wird dieser, da Sie beide die gleiche Sprache sprechen, die Information richtig verstehen und decodieren. Wie er nun auf diese Information reagiert und welche Rückschlüsse das auf Ihre Beziehungsebene zulässt, spielt hier erst einmal keine Rolle.

Sagen Sie diesen Satz jedoch zu Ihrem Hund, wird er nicht verstehen, was Sie von ihm wollen. Er kann die Nachricht nicht decodieren, da er unsere Sprache nicht spricht. Zwar könnte auch Ihr Hund die Zeitung holen, jedoch müssten Sie es vorher trainiert und ihm das Kommando »Ho-

Die Intelligenz der Hunde

Border Collie Rico wurde 1999 in der Fernsehshow *Wetten dass..?* berühmt, indem er es schaffte, 77 Wörtern entsprechende Spielzeuge zuzuordnen und diese treffsicher aus einem Nebenraum apportierte. Insgesamt beherrschte er ca. 250 Wörter.

Ricos Lernfähigkeit wurde vom Max-Planck-Institut weiter untersucht, wobei man feststellte, dass Rico unter anderem über das sogenannte »Fast Mapping« lernte. Fast Mapping bezeichnet das Lernen über Ausschlussverfahren. Präsentiert man einem Hund drei Gegenstände, wie einen Stoffbären, einen Ball und ein Kissen, so kann der Hund danach, sofern er die Begriffe Bär und Ball kennt, das Wort Kissen dem unbekannten Gegenstand zuordnen. Und das auch, wenn er das Wort Kissen vorher noch nie gehört hatte.

Ein solches Lernen über Ausschlussverfahren hatte man bisher nur bei Menschenkindern nachgewiesen. Die Forschungsergebnisse waren so bahnbrechend, dass Rico es damit sogar in das renommierte Fachmagazin *Science* schaffte.

Der amerikanische Psychologieprofessor und Forscher Stanley Coren analysierte eine Vielzahl von Studien zum Thema geistige Leistungsfähigkeit von Hunden. Er schlussfolgerte, dass Hunde ungefähr die geistige Leistungsfähigkeit eines zweieinhalbjährigen Kindes haben.

Natürlich sind nicht alle Hunde gleich intelligent. Es gibt rassebedingte Unterschiede, und auch innerhalb einer Rasse kann es Unterschiede von Individuum zu Individuum geben. Wenn Sie schon einmal verschiedene Hunde in Lernsituationen beobachtet haben, konnten Sie vielleicht feststellen, dass einige gewisse Übungen sehr schnell verstanden haben, während bei anderen gefühlt der Groschen mit dem Fallschirm fällt. Jeder Hund ist anders! Probieren Sie es doch einfach mal aus! Vielleicht ist auch Ihr Hund ein Superhirn. Und wenn nicht, Spaß macht es auf jeden Fall.

len« sowie das Wort für den Gegenstand Zeitung beigebracht haben, damit er versteht, was Sie von ihm wollen. Sie sehen also, dass die Kommunikation zwischen Hund und Mensch gewisse Schwierigkeiten und Herausforderungen mit sich bringt.

Eine der intelligentesten Hunderassen: der Border Collie

Eine Möglichkeit mit unseren Hunden zu kommunizieren, ist also das Erlernen von Begriffen. Dies setzt eine gewisse Vorarbeit voraus. Da es sich hier um rein konditionierte Begriffe handelt, sprechen wir dabei von einer abstrakten Kommunikation.

Ich möchte mich im Folgenden jedoch mit der direkten Kommunikation zwischen Mensch und Hund beschäftigen. Direkte Kommunikation bedeutet, dass wir Signale mit unseren Hunden austauschen, die sie direkt und unmittelbar verstehen, ohne vorher etwas gelernt zu haben.

Aber wie funktioniert das? Ganz einfach. Wir müssen uns auf die kommunikative Ebene unserer Hunde begeben.

Richtige Kommunikations-kanäle nutzen

Der Austausch von Informationen in der Kommunikation ist, selbst bei Menschen die dieselbe Sprache sprechen, sehr fehleranfällig. Ein Hauptgrund für Probleme in der Beziehung zwischen Mensch und Hund liegt daher in einer misslungenen Kommunikation. Der Mensch sendet eine Nachricht, welche der Hund nicht richtig entschlüsseln kann. Er weiß nicht, was wir von ihm wollen.

Dies liegt meistens daran, dass die falschen Kommunikationskanäle genutzt werden. Wir Menschen bevorzugen schlichtweg andere Kanäle als unsere Hunde: zum einen die Sprache (verbal), zum anderen werden viele Informationen auch über Gestik, Mimik und über die Körpersprache unserem Gegenüber mitgeteilt.

Diese Informationen verarbeiten wir jedoch überwiegend unbewusst. Dennoch beeinflussen sie unser Gespräch sogar fast noch mehr als das Gesagte.

Bei der Beurteilung von Körpersprache müssen alle Ausdruckselemente berücksichtigt werden

Unsere Hunde kommunizieren jedoch auf eine ganz andere Art und Weise miteinander. Zwar können sie auch bellen oder knurren, was einer verbalen Lautäußerung ähnelt, der Großteil der Kommunikation findet jedoch auf der Ebene der Körpersprache statt. In der Hundewelt kommt es daher eher auf folgende Kommunikationselemente an:

- Wie positionieren sich Hunde zu ihrem Gegenüber?
- Wohin ist der Blick gerichtet?
- Wie sind die Ohren ausgerichtet?
- Ist der Fang geöffnet, oder ist der Fang geschlossen?
- Liegt die Gewichtsverteilung eher auf den Vorderbeinen oder auf den Hinterläufen?
- Wie wird die Rute gehalten? Nach oben, steil zur Mitte oder unter dem Bauch eingeklemmt?
- Wie ist die allgemeine Körperspannung des Hundes?

Die Summe all dieser Merkmale und noch vieler weiterer, werden in der Fachsprache als sogenanntes Display bezeichnet. Dieses gibt großen Aufschluss darüber, was der Hund aktuell denkt, welche Emotionen er gerade durchläuft und was, sehr wahrscheinlich, seine nächste Handlung sein wird. Wir sollten uns die Körpersprache auch im Zusammenleben mit unserem Hund zunutze machen, um ihn lesen zu können, um Situationen besser einschätzen und auch dementsprechend reagieren zu können.

Das Verstehen der hündischen Körpersprache ist von elementarer Bedeutung für eine gelungene Kommunikation. Die Grundlagen dazu finden Sie im Kapitel 7 »Grundlagen des hündischen Ausdrucksverhaltens«.

Bedeutung von Räumen in der Hundewelt

Neben dem Ausdrucksverhalten nimmt die Verwaltung von Räumen eine weitere ganz entscheidende Bedeutung in der hündischen Kommunikation ein. Hier können wir zahlreiche individuelle Sequenzen beobachten. Ganz stark vereinfacht und reduziert kann man jedoch sagen, dass der Hund, der einen anderen Hund in seiner Bewegung körpersprachlich einschränkt, der überlegene Kommunikationspartner ist oder das zumindest sein möchte. Hier stellt sich dann natürlich die Frage, inwieweit der andere Hund darauf reagiert und ob er sich überhaupt in der Bewegung einschränken lässt. Dies ist vom Charakter des anderen Hundes abhängig und hat wiederum Auswirkungen auf den weiteren Verlauf der Interaktion.

Beispiel: T-Stellung – oft missinterpretiert

Ein klassisches Beispiel für die Bedeutung von Räumen, welches wir unter Hunden häufig beobachten können, ist die sogenannte T-Sequenz. Leider wird diese Verhaltenssequenz oft viel zu pauschal beschrieben. Hier möchte ich etwas Licht ins Dunkel bringen und Ihnen anhand dieses Beispiels zeigen, wie hochgradig komplex eine einzelne Sequenz sein kann und vor allem, wie unterschiedlich diese dann zu deuten ist.

Bei der T-Stellung steht ein Hund mit seinem Körper quer vor einem anderen Hund. Er ist damit sozusagen der horizontale Balken des »T«. Der zweite Hund nimmt die Position des vertikalen Balkens ein.

Nun könnte es sein, dass der horizontal stehende Hund sich bewusst vor den anderen Hund gestellt hat. Damit schränkt er den anderen Hund in seiner Bewegung ein. »Es geht nicht mehr weiter für dich« – »Stopp«.

Genauso ist es aber auch möglich, dass der Hund, welcher den vertikalen Teil einnimmt, sich genähert hat, also das »T« gebildet hat. Dies ist häufig verbunden mit einem Auflegen von Kopf oder Pfote auf den Rücken des anderen. Der horizontal stehende Hund wird dadurch regelrecht bedrängt.

Hier ist die T-Form durch den braunen Hund entstanden, der dem grauen Hund gegenüber somit eine Imponiergeste zeigt

In beiden Situationen ist das Verhalten des jeweiligen Hundes offensiver Natur und dominanzgestützt.

Letztlich handelt es sich hier um Machtdemonstrationen, die man insbesondere bei Rüden untereinander beobachten kann – Machogehabe eben.

Hunde unterscheiden sich stark darin, wie wichtig ihnen ein solches Kräftemessen ist. Es gibt Hunde, die gehen Ärger lieber aus dem Weg, und Hunde, die in solchen Situationen regelrecht aufgehen.

Mein Hund Louis ist ein solcher Macho. Er liebt es, sich mit anderen Rüden zu messen und legt in diesen Situationen regelrecht proletenhaftes Verhalten an den Tag – natürlich nur wenn ich ihn lasse. Dabei interessiert es ihn keinen Pfennig, ob der andere Hund körperlich überlegen ist oder nicht. Wäre mein kleiner vierbeiniger Macho ein Mensch, würde er sicher Goldkette, Lederjacke und Cowboystiefel tragen.

In solchen Situationen hat aber auch immer der bedrängte oder eingeschränkte Hund die Möglichkeit, mit einem Positionswechsel darauf zu reagieren und so einem möglichen Konflikt aus dem Weg zu gehen. Wir sind hier wieder bei einer Art Verhandlung. Erinnern Sie sich an die Situation mit dem Knochen?

Sind beide Hunde souverän, ähnelt das einem Schachspiel, und man kann minutenlang zuschauen, ohne dass wirklich etwas Schlimmes passiert.

Defensives Raum-in-Anspruch-Nehmen

Im Gegensatz zu den beschriebenen offensiven Verhaltensweisen, kann eine einschränkende Position eines Hundes aber auch allein dadurch entstehen, dass andere an diesem nicht vorbeigehen wollen oder ihm ausweichen. Manchmal sind es die ruhigeren, souveränen und akzeptierten Hunde, die ohne viel tun zu müssen, Raum einnehmen. Die bloße Anwesenheit reicht aus. Dies hat dann eher einen defensiven Charakter.

Und manchmal schiebt sich ein Hund auch zwischen zwei andere Dinge und schirmt sie damit gegenüber einem Reiz ab. Die Motivationen dafür können höchst unterschiedlich sein. Dazu folgendes Beispiel:

In unserem Hundeschulrudel befinden sich diverse Hunde verschiedenster Rassen. Meine Trainerkollegin Dana hält zwei sehr unterschiedliche Hunde. Die Belgische Schäferhündin Ava und die kleine, aufgeweckten Chihuahuahündin Keevi.

Wenn wir zusammen unterwegs sind, gibt es immer mal wieder Situationen, in denen andere Hunde zu wild mit der kleinen Keevi umgehen oder sogar anfangen, sie zu jagen. Dieses häufig zu beobachtende Verhalten liegt meist an einer unzureichenden Sozialisierung gegenüber kleinen Hunden und ist natürlich nicht sozial kompetent.

Ein ungleiches Paar und dennoch sehr verbunden

Ava zeigt in solchen Situationen ein wirklich tolles Verhalten, indem sie sich zwischen die fremden Hunde und die kleine Keevi stellt. Damit schirmt sie Keevi ab und bietet ihr Sicherheit und Schutz. Sie gibt ihr damit eine Hilfestellung. Das ist ein wichtiges Kennzeichen zweier Bindungspartner, aber dazu kommen wir noch. Auch wenn die grummelige Belgierin teilweise über das Ziel hinausschießt, macht sie hier insgesamt einen tollen Job.

Manchmal sind unsere Hunde wirkliche Lehrmeister, und wir können uns eine Menge von ihnen abschauen. Auch der Besitzer des ängstlichen Cockerspaniels, von dem ich Ihnen bereits erzählt habe, könnte sich an Avas Verhalten ein Beispiel nehmen.

Ein anderes Beispiel für das Abschirmen mit einer völlig anderen Motivationsgrundlage ist das Abschirmen von einem Sozialpartner, wie es die Schweizer Schäferhündin Nelly tut. Sie schirmt einen Menschen oder einen anderen Hund ab, wenn sich ein weiterer Hund nähert und Körperkontakt sucht. In diesem Fall geht es ihr darum, eine für sie wichtige Ressource gegenüber anderen abzugrenzen.

Wenn Ava sich zwischen zwei Parteien stellt, positioniert sie sich so, um die Distanz zu einem angstauslösenden Reiz zu vergrößern.

Nelly jedoch stellt sich dazwischen, damit ein anderer Hund oder Mensch nicht an ihren Sozialpartner kommt. Denn sie beansprucht ihn für sich und möchte ihn nicht teilen.

Es versteht sich von selbst, dass je nachdem um welche Situation es sich handelt, auch ein anderes Verhalten von uns Menschen notwendig ist.

Ava könnte man ihren »Job« machen lassen und sie sogar dafür loben. Hunde wie Nelly sollten wir eher wegschicken und den anderen Hund zu uns einladen. Denn wen der Mensch wann, wo und wie lange streichelt, sollte er allein entscheiden dürfen.

Je nachdem wie Sie also mit einer solchen Situation umgehen, unterscheiden sich auch die Auswirkungen auf die Beziehungsebene. Förderlich für eine gute Beziehung ist es, wenn Sie Unterschiede wie eben beschrieben erkennen können. Wenn Sie dann auch noch regulativ eingreifen, fangen Sie bereits an, eine kleine Hundegruppe anzuleiten. Das Erkennen, richtige Einschätzen und Anleiten von Situationen und Hundeverhalten steht bei Hunden hoch im Kurs und wirkt sich äußerst positiv auf die Beziehung zu Ihrem Vierbeiner aus.

Eine weitere Form der T-Sequenz ist eine sehr freundliche. Sie ist oft unter Bindungspartnern zu beobachten. Dabei schiebt sich ein Hund in submissiver, also deutlich unterwürfiger Körperhaltung quer unter den anderen und bildet damit den Balken des »T«. Die Körper berühren sich, und manchmal berühren sich auch die Köpfe, oder es werden die Maulwinkel des anderen Hundes geleckt. Beide Hunde sind dabei völlig entspannt, und es handelt sich um ein normales Ritual unter Bindungspartnern. Dieses Verhalten zeigt meine Hündin Nora sehr ausgeprägt bei meinem Rüden Louis.

Zwischenartliche T-Stellungen

Zu guter Letzt möchte ich auf T-Stellungen zwischen Hunden und Menschen eingehen. Auch hier kann die Motivation variieren.

Paula, eine Herdenschutzhündin, deren Frauchen mich zum Training kontaktiert hatte, grenzte mich von ihrer Halterin klar ab, indem sie sich immer zwischen mich und ihre Halterin stellte. Ich war ihr damals noch unbekannt, und da hielt sie mich erst einmal auf sichere Distanz.

In vielen Fällen drehen sich Hunde aber auch einfach vor ihre Menschen und lassen sich dort kraulen oder suchen die Nähe ihres Menschen. Manchmal wenden sie einem auch ihr Hinterteil zu. Die Hunde sind einfach gerne dort, ohne besondere »Hintergedanken«. In solchen Fällen ist es überhaupt nicht speziell motiviert. Sie möchten einfach nur bei uns sein und genießen die Berührungen.

Achten Sie unbedingt darauf, hier nicht zu viel hineinzuinterpretieren oder falsche Schlussfolgerungen zu ziehen.

Mit der Analyse dieser einen Sequenz möchte ich Sie dafür sensibilisieren, wie vielfältig und differenziert die Kommunikation von unseren Hunden sein kann. Ich würde mir wünschen, dass Sie das immer im Hinterkopf behalten und sich intensiv mit dem Ausdrucksverhalten unserer Hunde beschäftigen. Pauschale Aussagen, wie »Der Hund, der beim ›T‹ den Balken bildet, dominiert den anderen« sind viel zu lückenhaft.

Da die Raumverwaltung in der Welt der Hunde und auch in der Kommunikation von Hund und Mensch eine sehr bedeutende Rolle einnimmt, wird uns dieses Thema auch im Praxisteil des Buches noch weiter begleiten.

Taktile Kommunikation – oder warum man auch durch Berührung kommunizieren kann

Neben der körpersprachlichen Kommunikation spielt aber auch die sogenannte taktile Kommunikation, also die Kommunikation durch Berührung, eine wichtige Rolle. Wenn man Hunde beobachtet, stellt man schnell fest, dass sie keine Hemmung vor Berührung haben – ganz im Gegenteil –, sie gehen sehr körperlich miteinander um.

Im Spiel wird einander angerempelt, umgeworfen, gehemmt gebissen und gezwickt. Die Hunde liegen über- oder untereinander und erfreuen sich stets der Sache an sich. Aber auch in Konfliktsituationen gibt es ein Abschnappen, gehemmte oder ungehemmte Kämpfe oder ein Wegtreiben des anderen Hundes, was stets sehr körperlich abläuft.

Im Gegensatz dazu sind aber auch nette soziale Zuwendungen, wie das gegenseitige Beschnuppern, die Fellpflege, das Kontaktliegen und Kuscheln, sowie das Maulwinkellecken an der Tagesordnung.

Sowohl nette und sozial positive Verhaltensweisen wie eben beschrieben, als auch distanzvergrößernde und konfliktlösende Verhaltensweisen wie ein räumliches Blockieren, ein Abschnappen oder Ähnliches gehören für unsere Hunde zum alltäglichen Kommunikationsrepertoire.

Darum sollten wir auch beim Hundetraining nicht vor taktiler Kommunikation zurückschrecken. Hierzu gehören übrigens auch das Knurren und das Zähnezeigen. Verhaltensweisen, die von manchen Hundebesitzern fälschlicherweise unterbunden werden. Den Hunden wird damit jedoch eine wichtige Kommunikationsmöglichkeit genommen. Sie haben so nicht mehr die Möglichkeit, abgestuftes Drohverhalten zu zeigen. Dies kann schlimmstenfalls zu gefährlicheren Situationen wie einem direkten Angriff ohne vorheriges Drohen führen, weil dieses dem Hund untersagt wurde.

Damit uns unsere Hunde verstehen, müssen wir uns also im Rahmen unserer Kommunikationsmöglichkeiten auf die Ebene der Hunde begeben und die taktile und körpersprachliche Kommunikation als Hauptkommunikationskanäle mit unseren Hunden nutzen. Nur so ist eine direkte Kommunikation möglich, die von unseren Hunden auch sofort und meistens unmissverständlich verstanden wird.

Denken Sie aber bitte daran, dass auch die erwähnte abstrakte Kommunikation, also die Kommunikation durch antrainierte Kommandos und Wörter, eine wichtige Hilfestellung für den gemeinsamen Alltag ist. Zudem verbringen Sie, um dem Hund die entsprechenden Kommandos beizubringen, in der Regel viel Zeit mit Ihrem Hund. Dabei haben beide, Mensch und Hund, gleichermaßen Freude, und es wird viel mit positiver Verstärkung, etwa Belohnungen durch Leckerchen, gearbeitet. Der Aufbau dieser Kommunikationsebene ist durchaus sinnvoll und wirkt sich positiv auf die Beziehung zwischen Ihnen und Ihrem Hund aus. Nur sollte es eben nicht die einzige Ebene sein, auf der gearbeitet wird.

Schaffen Sie es, mit Ihrem Hund sowohl auf der abstrakten formellen Kommunikationsebene zu arbeiten, aber genauso in die soziale direkte Kommunikation einzusteigen und sich damit auf Augenhöhe Ihres Hundes zu begeben, steht einem gegenseitigen Verstehen und Freude am gemeinsamen Lernen nichts mehr im Wege.

Hunde sind sehr körperlich – sowohl im Spiel, als auch in Auseinandersetzungen

Grundlagen hündischen Ausdrucksverhaltens

Am Anfang steht das Verstehen

Die Grundvoraussetzung, um mit unseren Hunden auf Augenhöhe zu kommunizieren, ist die, dass wir sie verstehen. Erst das ermöglicht es uns, im Alltag adäquat auf sie zu reagieren. Dazu müssen wir jedoch ihre Sprache lernen. Das Ausdrucksverhalten von Hunden ist derart komplex, dass man darüber ganz spezielle Bücher schreiben könnte. Ich möchte Ihnen in diesem Kapitel kurz und komprimiert die Grundlagen näherbringen.

Wenn Hunde untereinander kommunizieren, können sie auf zahlreiche Kommunikationskanäle zurückgreifen. Sie kommunizieren auf chemischer, akustischer, taktiler und optischer Ebene. Dabei hat der optische Teil des Ausdrucksverhaltens eine besondere Bedeutung. Unter Hunden ist er der Hauptkommunikationskanal im Nahbereich. Aber auch für uns Menschen ist der optische Teil besonders wichtig, da wir ihn direkt sehen und beobachten können, was uns die Möglichkeit gibt, darauf zu reagieren.

Um die hündische Kommunikation aber wirklich zu verstehen und zu verinnerlichen, sollten Sie nicht nur dieses Buch lesen, sondern Hunde beobachten. Genauso wie Sie eine Fremdsprache sprechen müssen, um sie zu beherrschen, lernen Sie auch die Hundesprache am besten in der Praxis. Dazu eignen sich insbesondere auch Foto- und Videoaufnahmen.

Ich habe mich früher tagelang auf Hundewiesen oder in Hundegruppen gesetzt und habe Fotos und Videos gemacht, um die Kommunikation besser zu verstehen. Der Vorteil bei der Videobetrachtung ist der, dass wir uns alle Videos mehrmals anschauen und die Sequenzen auch in Zeitlupe ablaufen lassen können.

Hierzu habe ich für Sie einige kostenlose Verhaltensanalysen im Videoformat zusammengestellt. Dort lassen wir eine Hund-Hund-Kommunikation zunächst im Originaltempo ablaufen, sodass Sie die Möglichkeit haben zu überlegen, was sich die Hunde »erzählt« haben, also was kommuniziert wurde. Anschließend lasse ich die Sequenz noch mehrmals in Zeitlupe ablaufen und erkläre ganz genau, was dort passiert und an welchen Merkmalen man dies erkennt.

Schauen Sie sich diese Videos unbedingt an, um etwas mehr über hündische Kommunikation zu lernen. Wenn Sie noch tiefer in die Materie einsteigen möchten, finden Sie in den Online-Kursen der Doguniversity (doguniversity.de) stundenlanges Videomaterial zu allen möglichen Themen. Im Kurs »Bindung und Beziehung« gibt es unter anderem Videoaufnahmen von Hunden und von Wölfen. Dort lernen Sie mehr über deren Kommunikation und entwickeln dadurch ein besseres Verständnis für Hunde im Allgemeinen.

Rassespezifische Besonderheiten

Im Rahmen der Domestikation und insbesondere der Rassehundezucht, wurde auch die Kommunikationsfähigkeit unserer Hunde stark verändert. Die Rassen unterscheiden sich im Hinblick auf ihre Kommunikationsmöglichkeiten enorm. Während bei Rassen wie Schäferhund oder Husky das Ausdrucksverhalten leicht zu erkennen ist, gibt es diverse Rassen, bei denen dies nicht mehr so einfach möglich ist.

Durch die starke Behaarung im Gesichtsfeld, wie beim Tibet Terrier oder Bearded Collie, lässt sich die feine Mimik, wie etwa die der Augen oder das Stirn- und Nasenrückenrunzeln, nicht mehr gut erkennen. Die Schlappohrhunde, wie etwa Labradore, können ihre Ohren nicht mehr aufstellen und so deutlich in eine Richtung drehen, wie es bei Hunden mit Stehohren der Fall ist. Hunde, wie der Akita- oder Shiba Inu tragen ihre Rute dauerhaft aufgerollt über dem Rücken, was genauso unnatürlich ist wie die dauerhaft nach unten gedrückte Rute bei Galgo oder Italienischem Windspiel.

Solche starken Veränderungen im physischen Erscheinungsbild können durchaus auch zwischen Hunden zu kommunikativen Missverständnissen führen. Insgesamt kommen unsere Hunde jedoch gut klar mit den rassetypischen Besonderheiten. Dies ist insbesondere dann der Fall, wenn sie als Welpe bereits diverse andere Hunderassen und ihre Besonderheiten kennengelernt haben. Und auch wir Menschen sollten unsere Augen schulen und bei Hunderassen mit kommunikativen Einschränkungen besonders aufmerksam und achtsam sein.

Was der Hund uns sagen will

Ob Rutenhaltung, Form der Augen oder Stellung der Ohren – die Hundesprache ist detailreich und komplex.

Beginnen wir damit, uns die einzelnen Ausdruckselemente unserer Hunde einmal genauer anzusehen, um mit diesem Wissen im Anschluss grundlegende Kommunikationssequenzen zu analysieren. Für mehr Verständnis im Alltag.

Der Kopf

Die Ausdrucksmöglichkeiten, die ein Hund mithilfe seines Kopfes hat, sind sehr vielfältig. Kleinigkeiten haben hier oft eine große Bedeutung. Angefangen bei der Kopfhaltung über die Form von Lippen und Maul bis hin zur Stellung der Ohren.

Die Kopfhaltung

Der Kopf kann in verschiedenen Positionen gehalten werden, wobei wir drei Grundpositionen unterscheiden: Ein nach **oben aufgerichteter oder gestreckter Kopf** wird mit einem sicheren Hund, einer offensiven Ausrichtung und gegebenenfalls auch mit Imponier- oder Drohcharakter in Verbindung gebracht. Eine etwas **nach unten gerichtete und geduckte Kopfhaltung** (ggf. weggedreht) steht für eine eher unsichere, deeskalie-

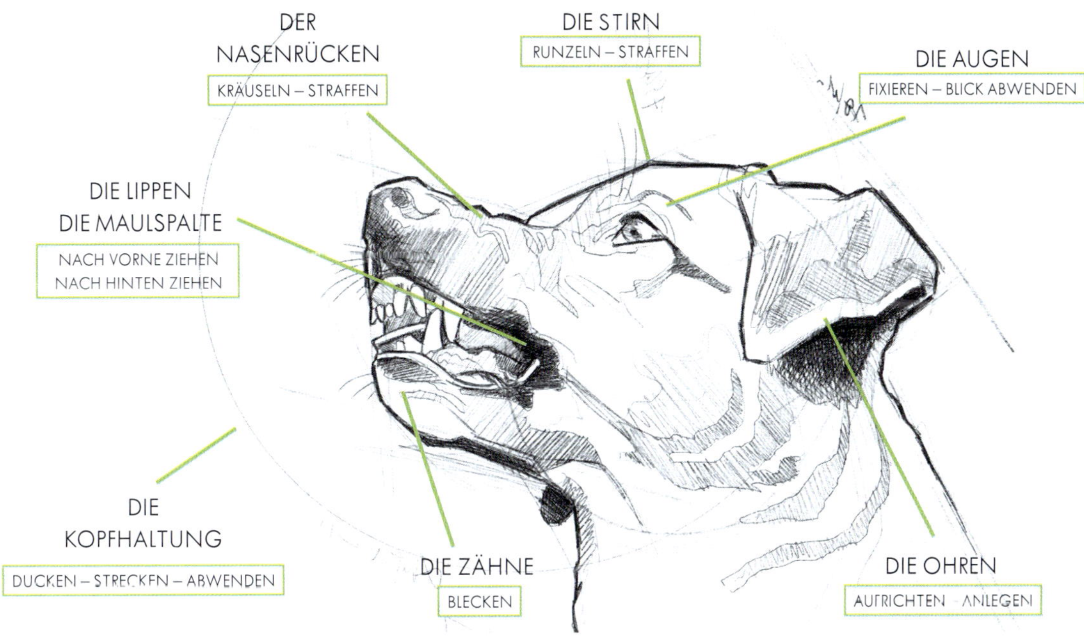

Die verschiedenen Ausdruckselemente des Kopfes

rende und konfliktvermeidende Haltung. Gleichzeitig wird sie aber auch bei der Annäherung an einen, meist ranghöheren, Sozialpartner freiwillig gezeigt. Eine **stark nach unten gerichtete Haltung und gleichzeitiges Den-Kopf-zur-Seite-Wegdrehen,** steht für ein stark unterwürfiges, beschwichtigendes Verhalten. Ein Hund, der diese Haltung zeigt, möchte einen Konflikt vermeiden oder einer eher kritischen Situation entkommen.

Die Augen

Auch bei den Augen können wir gewisse Grundformen unterscheiden. Sind die Augen **schlitzförmig verengt**, hat das eher defensiven Charakter. Auch ein hohes akutes Stresslevel führt in der Regel zu schlitzförmigen Augen. **Runde, weit geöffnete Augen** werden hingegen meist mit einer sicheren und offensiven Haltung in Verbindung gebracht. Allerdings können auch starke Emotionen wie Angst oder Erschrecken dazu führen, dass die Augen weit aufgerissen werden.

Blickrichtung

Unter Hunden gilt es in der Kommunikation als höflich, den Blick nicht direkt gerichtet zu halten. Auch bei uns Menschen lässt sich diese Parallele wiedererkennen. Begegnen wir jemandem, der uns entgegenkommt und uns ununterbrochen anstarrt, ohne den Blick abzuwenden, nehmen wir das als Bedrohung oder unhöfliches Verhalten wahr.

Die **Blickunterbrechung und der nicht gerichtete Blick** haben bei unseren Hunden also konfliktvermeidende Natur, sind höflich und deeskalierend.

Ein **nach vorn gerichteter und fixierender Blick** kann hingegen als Bedrohung gesehen werden und ist offensiver Natur. Hunde nutzen diesen

Auflauern unterbinden

Manchmal beobachte ich beim Spazierengehen Hunde, die sich flach hinlegen und die entgegenkommenden Hunde fixieren. Es kann spielerisch gemeint sein, jedoch wissen das die entgegenkommenden Hunde nicht immer. Insbesondere wenn die Hunde sich nicht kennen, zeigen die fixierten Hunde dann deeskalierende Gesten, indem sie den Kopf wegdrehen oder einen Meidebogen laufen.

Haben Sie einen Hund, der sich in der Art und Weise hinlegt und entgegenkommende Hunde fixiert, lassen Sie das nicht zu. Nehmen Sie ihn an die Leine und lassen Sie ihn sich nicht hinlegen und in dieser Position verharren.

fixierenden Blick auch in Richtung anderer Hunde, um sie ihre Handlung abbrechen zu lassen oder zu stoppen: »Ich warne dich«, »Nicht weiter«.

Es gibt allerdings auch Spielsequenzen, bei denen ein Blick direkt gerichtet ist und der Spielpartner fixiert wird. Hierbei handelt es sich allerdings um ein spielerisches Auflauern, was Sie unbedingt unterscheiden müssen.

Wenn Sie bei der Beurteilung einer solchen Situation unsicher sind, sollten Sie zusätzlich auf Ihr Gefühl hören. Auch unter Hunden kann es unter Umständen zu Fehlinterpretationen kommen.

Auch bei Hunden, die in einem Konflikt miteinander sind oder die einander imponieren möchten, können Blicke durchaus gerichtet sein. Häufig kann man aber auch hier das gegenseitige kurze Abwenden des Kopfes (Blickunterbrechung) erkennen, was einer weiteren Eskalation des Konflikts vorbeugt.

Die Ohren

Anhand der Ohrstellung lässt sich die Stimmung beziehungsweise Absicht eines Hundes ebenfalls ablesen. Am allerbesten kann man diese bei stehohrigen Hunden erkennen. Bei Schlappohren muss man etwas genauer hinsehen. Aber auch bei Schlappohrhunden lässt sich insbesondere an der Ohrwurzel erkennen, in welche Richtung diese gerichtet sind beziehungsweise wie sich die Ohren bewegen.

So beschreiben **aufgestellte, nach vorn gerichtete Ohren** eine offensive, nach vorn gerichtete Haltung des Hundes. Bei Drohungen sind die Ohren stark nach vorn, in Richtung des Gegenübers, gerichtet. Gespitzte Ohren können allerdings auch bei Hunden beobachtet werden, die interessiert in Richtung eines Objektes oder Geräusches schauen, welches ihre Aufmerksamkeit erregt hat. Sie sind also nicht immer Zeichen einer offensiven Haltung des Hundes.

Nach hinten gerichtete Ohren oder Ohren, die eng **an den Kopf angelegt** werden, haben hingegen defensiven Charakter. Häufig sind diese auch mit einer unterwürfigen Haltung verbunden.

Bei der Ohrstellung gibt es oft **Mischformen**. So sind diese nicht immer nur starr nach vorn ausgerichtet oder nach hinten angelegt. Auch alle Stellungen dazwischen sind möglich. Manchmal lässt sich an den Ohren der Verlauf einer Kommunikation beobachten, beispielsweise dann, wenn sich zwei Hunde gegenseitig imponieren wollen, und ein Hund zunächst sicher mit nach vorn gerichteten Ohren auftritt, um dann im Laufe der Kommunikation immer unsicherer zu werden, was sich an den immer weiter nach hinten wandernden Ohren erkennen lässt.

Der Nasenrücken

Der Nasenrücken unserer Hunde ist entweder glatt oder aber gerunzelt. Der **glatte Nasenrücken** beschreibt eine neutrale und entspannte Haltung, während der **gerunzelte Nasenrücken** bei Drohungen zu sehen ist. Meist ist das auch mit einem akustischen Knurren verbunden.

Die Stirn

Die Stirn des Hundes kann ebenfalls glatt oder gerunzelt sein. Eine **glatte Stirn** wird im normalen, entspannten Zustand gezeigt, aber auch bei Demutsgesten. Eine **gerunzelte Stirn** hingegen steht häufig im Zusammenhang mit einer Drohung. Hier ist auf den Gesamtkontext zu achten. Genauso ist es möglich, dass sich ein Hund lediglich über etwas wundert. Manchmal sind Hunde überrascht über etwas, und sie versuchen, ein Verhalten oder einen Reiz zu interpretieren. Dann bezeichne ich die gerunzelte Stirn gerne als »Denkerfalten«. Also auch Hunde, die sich nur etwas anschauen, können dabei die Stirn in Falten legen. Dann ist es eine völlig neutrale Geste und hat nichts mit einer Drohung zu tun.

Die Maulspalte des Hundes

Die Maulspalte sagt sehr viel über den Gemütszustand des Hundes aus. Sie kann komplett geschlossen, geöffnet, lang oder kurz sein. Ein **geschlossenes Maul** ist die natürliche Grundhaltung. Dieses zeigt der Hund in diversen Situationen, etwa wenn er steht, läuft, jemanden anschaut, überrascht kuckt, liegt oder schläft. Eine **runde und kurze Maulspalte bei geöffnetem Fang** steht für eine eher sichere und offensive Haltung. Dabei sind meist nur die vorderen Zähne des Hundes sichtbar. Zeigt der Hund eine solche Geste, während er droht, ist die Drohung eher als offensiv einzustufen.

Eine **lange nach hinten gezogene Maulspalte,** bei der alle Zähne – auch die seitlichen – sichtbar werden, ist defensiver Natur. Ein Hund kann mit dieser Mimik zwar durchaus eine Drohung aussenden, diese ist dann aber eine Reaktion auf etwas anderes und hat defensiven Charakter. Das defensive Drohen zeigen Hunde beispielsweise dann, wenn sie von einem anderen Hund be-

Ein typisch defensiv ausgerichteter Hund

Ein typisch offensiv ausgerichteter Hund

drängt werden oder aber wenn sie eine Ressource verteidigen, wie einen Futternapf, aus dem sie gerade fressen.

Ein **geöffneter Fang** kann darüber hinaus in vielerlei Situationen beobachtet werden. Da bei Hunden ein großer Teil der Thermoregulation über die Schnauze läuft, kann ein Hecheln bei geöffnetem Fang häufig beobachtet werden, wenn dem Hund zu warm ist. Das Hecheln dient hier dem Temperaturausgleich. In Situationen, die den Hund überfordern oder die besonders stressig sind, kann Hecheln aber auch ein Zeichen von Stress beim Hund sein. Hier kommt es immer auf den Gesamtkontext und das Gesamtbild des Hundes an, um schlüssige Aussagen treffen zu können.

Mimik des Hundes

Die Summe aller zuvor besprochenen Ausdruckselemente des Hundekopfes bezeichnen wir als Mimik.

Bei der Interpretation eines Verhaltens dürfen wir nie auf nur ein einziges Merkmal achten, sondern müssen immer die Summe aller Ausdruckselemente berücksichtigen. Dann können wir zwischen einer offensiven, nach vorn gerichteten und einer defensiven, nach hinten gerichteten Ausrichtung unterscheiden. Es gibt jedoch auch unzählige Zwischenformen, und auch während der Kommunikation kann sich der Ausdruck dynamisch, je nach Kommunikationsverlauf, verschieben.

Die Rute

Die Rute stellt ein wesentliches Kommunikationsinstrument für unsere Hunde dar. Es gibt jedoch auch Rassen, die bezüglich ihrer Rutenform und -haltung züchterisch stark beeinflusst wurden und dadurch in ihrer Kommunikationsfähigkeit eingeschränkt sind. Gleiches gilt natürlich für kupierte Ruten, was jedoch mittlerweile größtenteils verboten ist.

Sowohl die Rutenhaltung, als auch die Bewegung hat kommunikative Bedeutung für uns. Folgende Haltungen können wir unterscheiden:

Rutenhaltung

Eine **hoch über dem Rücken getragene Rute** wird mit Sicherheit in Verbindung gebracht. Sie ist ein Merkmal von Imponierverhalten, einer offensiven Ausrichtung und offensivem Drohverhalten. Eine **abgesenkte, nach unten getragene Rute** zeigt ein eher defensiv eingestellter Hund. Hängt die Rute allerdings locker nach unten, spricht das für einen neutralen und entspannten Hund.

Ist die Rute eingezogen, enganliegend oder zwischen den Hinterläufen eingeklemmt, symbolisiert das Unsicherheit bis hin zu Ängstlichkeit.

Hier ist die Rutenhaltung der beiden Wölfe im offensiven und defensiven Verhalten gut zu erkennen

Rutenbewegung

Eine häufige Fehlinterpretation von Hundehaltern betrifft die Rutenbewegung: Keineswegs bedeutet ein Wedeln mit der Rute immer Freude und muss differenzierter betrachtet werden.

Es ist richtig, dass Hunde in Situationen, in denen sie sich freuen, beispielsweise, wenn ihr Halter wieder zurück nach Hause kommt, mit der Rute wedeln. In solchen Fällen steht das Wedeln mit der Rute tatsächlich in Verbindung mit Freude. Das Rutenwedeln ist aber in erster Linie Ausdruck der Erregungslage des Hundes. Wenn ein Hund sich über etwas freut, geht dies meistens mit einer Erregungssteigerung einher.

Bei einem freudigen Wedeln wird die Rute oft auf halber Höhe getragen und geht nicht wesentlich über den Rücken des Hundes hinaus. Die Amplitude, also der Bogen, den die Rute beschreibt, ist zudem groß und wirkt entspannt.

Eine Erregung, und damit ein Wedeln mit der Rute, kann aber auch durch andere Reize ausgelöst werden. Befindet sich ein Hund etwa in einem Konflikt mit einem Artgenossen, und die beiden Parteien verhandeln gerade darüber, wer der Chef des Waldes ist, können solche Situationen auch sehr erregend für die Hunde sein. Hier handelt es sich dann eher um eine negative Anspannung des Hundes, was ebenso durch das Wedeln mit der Rute ausgedrückt wird.

In solchen Fällen wird die Rute hoch über dem Rücken getragen und befindet sich in Imponierbeziehungsweise Drohhaltung. Dazu ist die Amplitude meistens wesentlich kleiner und enger.

Man sieht, die Anspannung im Hund und diese Form des mit der Rute Wedelns hat absolut nichts mit Freude zu tun.

Achten Sie also bitte immer auf den Gesamtkontext, in dem sich Ihr Hund gerade befindet und schauen etwas genauer hin, um die Rutenbewegung zu interpretieren.

Körperhaltung und Beine

In Bezug auf den gesamten Körper des Hundes gibt es zwei leicht voneinander abgrenzbare Haltungen. Zunächst ein **Sich-groß-Machen.** Dabei werden die Beingelenke durchgedrückt, wodurch der Hund maximale Größe erreicht. Die Ausrichtung ist offensiv und sicher, möglicherweise mit Imponier- oder Drohtendenz. Dem entgegen steht ein **Sich-klein-Machen.** Dabei sind die Beingelenke eingeknickt, wodurch der Hund kleiner wirkt, als er tatsächlich ist. Die Ausrichtung ist eher defensiv, unsicher oder ängstlich. Aber auch bei Begrüßungen von ranghöheren Tieren wird eine solche Haltung eingenommen, was ein hochritualisiertes Verhaltensmuster ist und keineswegs etwas mit Unsicherheit zu tun hat.

Neben der beiden eben genannten Körperhaltungen sollten wir auch immer auf die **Gewichtsverlagerung** schauen. Wird das Gewicht eher auf den Vorderbeinen getragen, können wir wieder von einer sicheren, offensiven Ausrichtung ausgehen. Wird das Gewicht eher auf die Hinterbeine verlagert, ist die Ausrichtung defensiv mit Tendenz zu Unsicherheit, Rückzug oder Flucht. Die Gewichtsverlagerung gibt uns Aufschluss darüber, in welche Richtung die nächste Bewegung tendiert – nach vorn oder nach hinten.

Gegensätzliches Ausdrucksverhalten

Welche hierarchische Struktur in einer Hundegruppe besteht oder welches Verhältnis zwei Hunde zueinander haben, können wir am Ausdrucksverhalten dieser Individuen sehen (siehe dazu S. 47 »Soziogramm in einer Hundegruppe«). Mit dem jetzt erworbenen Wissen über das Ausdrucksverhalten unserer Hunde, können Sie solche Verhältnisse noch besser interpretieren, das sorgt für mehr Klarheit und Verständnis im Alltag mit Ihrem Hund.

Unterscheidungsmerkmale dominanter versus subdominanter Part

Wer in einer Beziehung den dominanten und wer den subdominanten Part innehat, lässt sich einfach am Ausdrucksverhalten ablesen.

Der dominante Part zeigt vermehrt folgende Ausdruckselemente:

- erhobene Rute
- aufrecht erhobener Kopf
- aufgestellte und nach vorn gerichtete Ohren
- sich groß machen mit durchgedrückten Beingelenken
- Raum einnehmend

Während der subdominante Part vermehrt folgende Ausdruckselemente zeigt:

- niedrigere oder nach unten getragene Rute
- gesenkter Kopf
- angelegte oder nach hinten gestellte Ohren
- glatte Stirn
- sich klein machen mit eingeknickten Beingelenken
- Raum freigebend

Dieses Wissen über das Verhalten des dominanten gegenüber dem subdominanten Part ist nicht neu. Der bekannte britische Naturwissenschaftler Charles Darwin hat dies bereits 1872 mit seinem »Prinzip der Antithese« beschrieben.

Selbstverständlich laufen Hunde nicht ununterbrochen in den oben beschriebenen Haltungen umher. Den größten Teil ihrer Zeit sind sie wahrscheinlich in einem völlig neutralen

Gegensätzliche Ausdruckselemente hündischer Kommunikation

Zustand zu beobachten. Insbesondere bei Begrüßungssituationen von zwei Hunden, aber auch bei Konflikten, werden die ranganzeigenden Ausdruckselemente jedoch gut sichtbar.

Es bleibt zu erwähnen, dass nicht alle Hunde diese Körperhaltungen einnehmen, wenn sie auf Artgenossen treffen. Hunde, die sich beim Spaziergang kurz begegnen, treten selten in der oben beschriebenen Form auf. Sie können einfach aneinander vorbeigehen und kein Interesse für den jeweils anderen zeigen. Sie können imponieren wollen oder sich nicht einig über etwas sein, etwa darüber, wer bei einem Spaziergang den gefundenen Stock tragen darf, und einen Konflikt austragen. Sie können aber auch einfach ein paar Meter miteinander rennen oder spielen und dann wieder in unterschiedliche Richtungen auseinandergehen.

Haben sich aber langzeitstabile Beziehungen etabliert, werden diese auch angezeigt und für uns Menschen gut sichtbar.

Die Summe aller Ausdruckselemente beachten

Wenn wir das Verhalten eines Hundes interpretieren wollen, dürfen wir nicht den Fehler machen, uns nur auf einzelne Merkmale, wie etwa die Rutenhaltung zu konzentrieren. Nur die Summe aller bereits besprochenen Elemente lässt zuverlässige Rückschlüsse zu.

Wollen Sie ein Verhalten interpretieren, achten Sie immer auf den Kontext. Schauen Sie sich die Gesamtsituation an, in der ein Hund ein Verhalten zeigt und achten Sie darauf, alle Merkmale einzubeziehen. Meistens ergeben sich keine glasklaren Bilder, die einen zu 100 Prozent offensiven oder defensiven Hund zeigen, wie er im Lehrbuch steht.

Wir können durchaus auf einen offensiven, nach vorn gerichteten und drohenden Hund stoßen, der aber die Rute unten trägt. Lassen Sie sich davon nicht täuschen und nehmen unbedingt alle Ausdruckselemente gleichermaßen wahr.

Konkrete Verhaltenssequenzen analysieren

Nachdem Sie jetzt die grundlegenden Ausdruckselemente kennen, schauen wir uns nun die Verhaltenssequenzen an, welche unter Hunden am häufigsten vorkommen. Die unterschiedlichen Verhaltensweisen können uns Aufschluss über die Beziehungen unter den Hunden geben.

Das Imponierverhalten

Imponierverhalten wird sowohl von Rüden als auch von Hündinnen gezeigt, und zwar auch gegenüber beiden Geschlechtern. Je nachdem welchem Geschlecht imponiert wird, hat es aber einen völlig anderen Zweck.

Will ein Rüde einer Hündin imponieren, setzt er mit diesem Verhalten auf dessen anziehende Wirkung. Seine Größe, Stärke und Kraft, seine Fähigkeiten sollen sie ihm gewogen machen.

Hier sehen wir zwei sich imponierende Hunde mit entsprechenden Ausdruckselementen. Kennzeichnend für das Imponierverhalten ist auch, dass der Blick nicht direkt gerichtet ist oder eine Blickunterbrechung stattfindet.

Imponiert ein Rüde einem anderen Rüden, möchte er damit ebenfalls seine Größe, Stärke und Kraft demonstrieren. Da zwei Rüden aber in der Regel miteinander in Konkurrenz stehen, soll dieses Verhalten eine abschreckende Wirkung haben. Gleiches gilt für Hündinnen untereinander.

Ein Hund der imponiert, macht sich möglichst groß. Die Knie sind durchgedrückt, die Rute ist aufgestellt, der Kopf hoch erhoben und die Ohren sind nach vorn gerichtet. Der Gang wirkt dabei oft hölzern.

Oft wollen sich Hunde auch gegenseitig imponieren, also zur gleichen Zeit. Weitere Gesten, die dem Imponiergehabe zuzuordnen sind, sind das Auflegen des Kopfes oder der Pfote auf einen anderen Hund. Hierbei handelt es sich allerdings schon um stark dominierende Verhaltensweisen.

Aktive und passive Unterwerfung

Auch wenn es im Kapitel »Soziogramm in einer Hundegruppe« bereits Thema war, möchte ich nun auf der Ebene der Körpersprache auf zwei wichtige Verhaltensweisen eingehen, die Beziehungsverhältnisse deutlich sichtbar machen.

Warum scharren Hunde mit den Pfoten:
Ein Imponierverhalten, welches Sie bestimmt schon einmal beobachtet haben, ist das Scharren der Hunde. Nachdem der Hund irgendwo markiert hat, scharrt er mit allen vieren (verstärkt mit den Hinterläufen) an dieser Stelle. Durch dieses Verhalten soll die Duftmarkierung intensiviert und über einen größeren Bereich verteilt werden.

Aktive Unterwerfung

Die aktive Unterwerfung ist ein Verhalten, welches von einem rangniederen Hund gegenüber einem Hund gezeigt wird, der im Rangverhältnis über ihm steht. Dies erkennt man in der Regel daran, dass der rangniedere Hund sich klein macht. Dabei versucht er in der Regel in das Gesichtsfeld des anderen Hundes zu kommen. Um das zu tun, schiebt er dann seinen Kopf unter den Kopf des anderen und versucht, die Maulwinkel mit

Maulwinkellecken im Rahmen der aktiven Annäherung unter Wölfen

seiner Zunge zu lecken. Der sich in dieser Form unterwerfende Hund verringert mit seinem Verhalten die Distanz zu dem anderen Hund. Das macht er freiwillig und aktiv. Aus diesem Grund wird es auch als aktive Unterwerfung bezeichnet. Ziel des Verhaltens ist die soziale Integration. Besonders häufig kann man es in Begrüßungssituationen erkennen.

Welpen oder Junghunde zeigen dieses Verhalten auch häufig gegenüber älteren Hunden. Bei der aktiven Unterwerfung handelt es sich um eine sogenannte sozioinfantile Verhaltensweise. Das bedeutet, dass dieses Verhalten in der ontogenetischen Entwicklung bereits früh gezeigt wird, dann später aber die Bedeutung wechselt. Ein Welpe zeigt dieses Verhalten bereits gegenüber der Mutterhündin, um damit um Futter zu betteln. Die Mutterhündin soll dazu verleitet werden, bereits vorverdautes Futter wieder hervorzuwürgen und den Welpen damit zu füttern. In der Aufzucht von Welpen ist dieses Verhalten ganz normal. Im Verlauf des Hundelebens wechselt dieses Verhalten dann die Funktion. Es wird später als soziales Kommunikationssignal genutzt, nämlich als aktive Unterwerfungsgeste gegenüber ranghöheren Tieren.

Passive Unterwerfung

Die passive Unterwerfung ist das Gegenstück zur aktiven Unterwerfung. Auch sie kennzeichnet Rangverhältnisse von Hunden zueinander.

Bei der passiven Unterwerfung dreht sich der sich unterwerfende Hund auf den Rücken und bleibt in dieser Haltung liegen. Dabei macht er sich klein. Der Blick ist meist abgewendet und der Kopf zur Seite gedreht, sodass ein direkter Blickkontakt vermieden wird.

Manchmal urinieren die auf dem Rücken liegenden Hunde zusätzlich. Diese Geste hat jedoch nichts mit Angst zu tun. Es handelt sich hier um eine hochgradig ritualisierte Kommunikationsgeste.

Der Unterschied zur aktiven Unterwerfung ist der, dass keine Distanzverringerung angestrebt wird, sondern eine Distanzvergrößerung. Meistens wird dieses Verhalten von einem ranghöheren Tier eingefordert. Die passive Unterwerfung ist daher meist eine Reaktion auf das Verhalten eines anderen Hundes.

Das Ziel dieses Verhaltens ist allerdings das gleiche wie bei der aktiven Unterwerfung, nämlich die soziale Integration. Auch ein sich passiv unterwerfender Hund ist ein ganz normales Mitglied im Sozialverband.

Fließende Übergänge

Was wir in der Praxis häufig beobachten können, ist der Übergang von der aktiven zur passiven Unterwerfung.

Wenn sich Hunde im Rahmen der aktiven Unterwerfung an einen anderen Hund annähern und anfangen, an dessen Schnauze herumzuwuseln, kann dieser das durchaus als nervend empfinden. Dabei ist die Intention natürlich trotzdem verstanden. Wir sehen das insbesondere bei Welpen oder jungen Hunden, die die älteren teilweise mit ihren Unterwerfungsgesten nerven. Die ranghöheren Hunde fangen dann an zu schnappen, zu knurren und die passive Unterwerfung einzufordern, was ihnen Raum und Distanz verschafft. Wechselt der sich annähernde Hund also von der aktiven in die passive Unterwerfung, geschieht das als Reaktion auf das Verhalten des ranghöheren.

Der sogenannte Schnauzgriff ist ein typisches Abbruchsignal unter Hunden

Hündische Abbruchsignale und Korrekturen

Hündische Abbruchsignale sind unter Hunden an der Tagesordnung und haben den Zweck, das aktuelle Verhalten eines anderen Hundes zu stoppen. Meistens wird es dann gezeigt, wenn ein Hund die Grenze eines anderen Hundes überschritten hat.

Ein gutes Beispiel hierfür ist das Werbeverhalten von Rüden gegenüber Hündinnen, insbesondere vor oder während der Läufigkeit der Hündin. Rüden können hier sehr aufdringlich werden. Sie schnüffeln intensiv am Hinterteil der Hündin, wollen imponieren, bedrängen sie, legen vielleicht Pfote oder Kopf auf und wollen die Hündin dann besteigen.

Je nachdem wie tolerant eine Hündin ist, lässt sie hier mehr oder weniger zu. Meistens wird jedoch irgendwann ein Abbruchsignal gesendet. Sie schnappt, dreht ihr Hinterteil weg und klemmt die Rute ein. Oder aber sie scheucht den Hund sogar ein paar Meter weg.

Effektive Abbruchsignale senden

Die Fähigkeit, Abbruchsignale zu senden, die auch ankommen, unterscheidet sich von Hund zu Hund. Abbruchsignale sind dann gut gesendet, wenn sie es schaffen, das Verhalten des anderen abzubrechen, also wenn dieser anschließend die Grenze akzeptiert und sein Verhalten unterlässt. Das ist bei intakten Rüden während des Werbeverhaltens gar nicht so leicht, denn die Gehirne unserer männlichen Vierbeiner scheinen in solchen Situationen wie ausgeschaltet. Die Intensität richtet sich also auch stark nach dem Gegenüber. Manchen Hunden reicht ein strenger Blick, während andere erst mehrere Meter ins Gebüsch gescheucht werden müssen, damit sie verstehen, was Sache ist.

Softie oder Hardliner?

Meine Hündin Nora ist, was Abbruchsignale angeht, sehr freundlich und tolerant. Sie schnappt mehrmals, dreht sich weg, bellt und meckert. Zwar intensiviert sie ihr Verhalten Schritt für Schritt, was eigentlich sehr schön ist, allerdings fehlt ihr bei manchen Kandidaten die ausreichende Intensität und Entschlossenheit.

Die Belgische Schäferhündin Ava ist hier anders. Sie kommuniziert ein »Nein« zunächst rein körpersprachlich durch Anspannung und Blick. Wird darauf nicht reagiert, packt sie direkt den Dampfhammer aus und brettert dermaßen in die Hunde rein, dass diese keinen zweiten Versuch unternehmen und sich von ihr fernhalten. Dabei bleibt sie trotzdem gehemmt und verletzt keine anderen Hunde.

Durch ihre sehr deutliche Kommunikation erreicht sie ihr Ziel – Distanz und Abstand – schneller als Hunde, die in ihren Abbruchsignalen nicht klar sind.

Eine Mischung aus Nora und Ava wäre hier perfekt. Das nette und geduldigere Verhalten von Nora und die Deutlichkeit beim Setzen von Grenzen von Ava wären eine ideale Kombination.

Wann der Hundehalter eingreifen sollte

Es ist die Aufgabe des Menschen, unter Umständen regulativ auf seinen Hund einzuwirken. Sollte Ihr Hund versuchen, verstärkt Abbruchsignale in Richtung eines anderen Hundes zu senden, welche aber nicht akzeptiert werden, unterstützen Sie ihn und ermutigen ihn, sein Verhalten zu intensivieren. Auch das Eingreifen Ihrerseits kann notwendig werden, sodass Sie ihm in der Situation helfen und ihm Schutz bieten.

Auch bei dem anderen Extrem kann es nötig werden, regulatorisch auf Ihren Hund einzuwirken, nämlich dann, wenn er zu heftig gegenüber anderen Hunden reagiert. Dann müssen Sie ihm vermitteln, dass man nicht wegen jeder Kleinigkeit an die Decke geht. Dies können Sie Ihrem Hund zeigen, indem Sie ihm negatives soziales Feedback geben oder ihn in seinem Verhalten hemmen. Etwa indem sie ihn aus der Situation herausholen oder ihn körpersprachlich von dem anderen Hund abdrängen und wegtreiben, also Distanz zwischen die beiden Hunde bringen. Auch ein beherztes Ins-Fell-Greifen und Festhalten kann in manchen Fällen notwendig sein.

Körperbetonte versus nicht körperbetonte Abbruchsignale

Werfen wir noch einmal einen genauen Blick auf die hündischen Abbruchsignale. Hier können wir zwischen körperbetonten Abbruchsignalen und nicht körperbetonten Abbruchsignalen unterscheiden.

Nicht körperbetonte Abbruchsignale:

- direkter, fixierender Blick
- im gesamten Körper steif werden
- Knurren als akustische Warnung
- Distanzverminderung (Raum einnehmen und Räume kontrollieren, z. B. vor einen Hund stellen und diesen in der Bewegung einschränken)

Körperbetonte Abbruchsignale:

- Abschnappen
- Schnauzgriff (mit dem eigenen Fang über den Fang des anderen Hundes greifen und kurz festhalten)
- Anrempeln
- Gehemmtes Beißen
- Gehemmter Angriff

Abbruchsignale sind in der Kommunikation enorm wichtig und werden oftmals unterschätzt.

Sie kommunizieren Grenzen und sorgen damit auch für ein gehemmtes Verhalten von Hunden, die solche Grenzen sonst überschreiten würden. Damit lernen diese Hunde, ihr Verhalten anzupassen und sich besser sozial zu integrieren. Das übergeordnete Ziel von Abbruchsignalen ist wieder einmal die Harmonie zwischen den Sozialpartnern und in der Gruppe.

Der Verhaltensabbruch des Hundes durch den Menschen

In der Menschenwelt wird viel über die besten Trainingsmethoden diskutiert, und dabei ist der Abbruch des Hundes durch den Menschen auch ein brisantes Thema, da dieser meist körperlich stattfinden muss. Was für unsere Hunde an der Tagesordnung ist, darüber zerbrechen sich einige Menschen den Kopf. Der Verhaltensabbruch des Hundes durch den Menschen ist ein wesentlicher Teil der Hundeerziehung. Ohne geht es nicht. Auch wir müssen es schaffen, unseren Hunden Grenzen zu vermitteln, die sie verstehen. Das sollten wir fair und mit Bedacht tun, angepasst an den Hund. Auch dürfen wir dabei nicht über das Ziel hinausschießen. Aber wir müssen auch hier Verantwortung für unseren Hund übernehmen. Und schlussendlich fördern wir dadurch positives Verhalten, welches dem Hund den Alltag erleichtert und ihn gleichzeitig auch umgänglicher werden lässt. Und das sollte doch das Ziel aller Hundehalter sein.

Fairness in der Hundeerziehung – Bevor man sprintet, muss man erst mal laufen lernen

Faire Hundeerziehung ist artgerechte Hundeerziehung

Bevor wir uns in den nächsten Kapiteln anschauen, was Sie konkret unternehmen können, um die Beziehung zu Ihrem Hund positiv zu beeinflussen, liegt mir eine Sache noch ganz besonders am Herzen: das Thema Fairness im Hundetraining.

Artgerechte Hundeerziehung bedeutet für mich eine Hundeerziehung, die sich an den biologischen Merkmalen und Bedürfnissen einer Tierart orientiert.

Beim Hund sind dies hauptsächlich hochgradig ausgeprägte soziale Bedürfnisse. Entsprechend wollen und sollen Hunde unbedingt als Mitglied der sozialen Gruppe und Familie angesehen werden. Die Erziehung des Hundes sollte liebevoll und konsequent sein und natürlich müssen wir die notwendige Geduld dafür aufbringen.

Artgerecht bedeutet in diesem Zusammenhang auch, dass wir in die direkte Kommunikation mit unserem Hund gehen. Dabei stellen wir die Kommunikationskanäle in den Vordergrund, die seinen biologischen Bedürfnissen entspringen, nämlich die körpersprachliche und taktile Kommunikation.

Die Orientierung an den biologischen Bedürfnissen des Hundes bezieht sich jedoch nicht ausschließlich auf die Hundeerziehung, sondern auf die gesamte Hundehaltung. Denn wie wir im Alltag mit unserem Hund umgehen, hat ebenfalls große Auswirkungen auf die Beziehung und auf das Training mit unserem Vierbeiner.

Hunde müssen Hund sein dürfen

Als Hundehalter sind wir in der Verantwortung, die Bedürfnisse unseres Hundes zu erfüllen. Diese sind sehr vielfältig, angefangen bei einer ausgewogenen und abwechslungsreichen Ernährung über sozialen Anschluss, also dauerhaftem Kontakt zu Familie und Sozialpartnern, bis hin zu ausreichend Auslauf in Wald und Feld. Kurz gesagt: Hunde müssen Hund sein dürfen! Sie sollten Kontakte mit Artgenossen haben und frei rennen können – egal, ob durch den Wald, am Strand entlang, durch die Berge oder auf Wiesen. Es ist wichtig, dass sie sich auch mal dreckig machen, nach nassem Hund müffeln oder den Schalk im Nacken haben dürfen.

Ein glücklicher Hund ist auch mal ein dreckiger Hund

Die meisten Hunde buddeln für ihr Leben gerne

Es ist aber auch unsere Pflicht, darauf achtzugeben, dass alle genannten Dinge gesellschaftsfähig ablaufen und sich kein anderer Mensch und kein anderes Tier dadurch gestört fühlt!

Voraussetzung dafür ist ein gut erzogener Hund, der die Kommandos wie Rückruf oder Stoppsignal in allen Situationen zuverlässig ausführt. Je besser ein Hund erzogen ist und man sich auf ihn verlassen kann, umso mehr Freiheiten wird er genießen können.

Wenn ein Hund an der Leine laufen muss, weil er nicht hört oder nicht zuverlässig zurückkommt, ist das keine Dauerlösung. Das dauerhafte Laufen an der Leine ist nicht artgerecht für ein Tier, welches biologisch täglich mehr Kilometer zurücklegt als viele von uns in einer ganzen Woche.

Hier sind Sie, lieber Hundehalter, in der Verantwortung, mit Ihrem Vierbeiner zu üben, zu trainieren und sich intensiv miteinander zu beschäftigen, sodass ein Laufen auch ohne Leine möglich ist.

Darüber hinaus machen solche Spaziergänge dann auch deutlich mehr Spaß, sowohl dem Hund als auch dem Halter. Bedenken Sie auch: Ein Hund, der dauerhaft seine natürlichen Bedürfnisse unterdrücken muss und nicht ausgelastet ist, entwickelt Frust. Dies erschwert das Training und die Erziehung deutlich, denn Frustration ist kein guter Begleiter für ein erfolgreiches Training!

Was ist nun artgerechte Auslastung?

Die Frage nach der artgerechten Auslastung ist nicht pauschal zu beantworten, sondern höchst individuell – die Antwort kann darum von Hund zu Hund eine andere sein.

Die Grundvoraussetzung ist hierbei, dass Hund, Halter und Umfeld zusammenpassen müssen.

Dass ein Border Collie, der in seiner ursprünglichen Funktion bis zu 150 Kilometer pro Tag hoch konzentriert eine Schafherde hütete, kein glücklicher Hund sein wird, wenn er seine Halter täglich 20 Minuten an der Leine zum Bäcker und in den Park begleitet, sollte jedem klar sein. Solche »Hochleistungshunde« wollen arbeiten. Sie müssen nicht nur körperlich ausgelastet werden,

Wahre Experten – ein Hütehund bei der Arbeit

sondern auch geistig. Nur so können sie zu einem ausgeglichenen Begleiter werden.

Andere Hunde sind da wesentlich anspruchsloser. Bitte bedenken Sie das bei der Wahl Ihres neuen Familienmitglieds und beschäftigen Sie sich – am besten bereits vor Anschaffung – mit den ursprünglichen Aufgaben der jeweiligen Rasse.

Faire Hundeerziehung ist individuelle Hundeerziehung – jeder Hund ist anders

Hunderassen untereinander unterscheiden sich stark in ihren Bedürfnissen und Fähigkeiten. Aber auch innerhalb einer Rasse gibt es große Unterschiede, was die Charaktere der Hunde angeht. Keiner ist wie der andere.

Als meine Hündin Nora noch jung war, waren wir häufiger mit einer Gruppe Hunde unterwegs, zu der auch Franzi, eine zehn Monate alte Schäferhündin gehörte. Franzi war eine richtige Draufgängerin, sie war sehr grob im Umgang mit anderen Hunden, hatte, sofern man sie ließ, einen ausgesprochen großen Radius und interessierte sich nicht für die Wünsche und Ansagen ihrer Halter und ignorierte diese. Sofern die Halter versuchten, sich durchzusetzen, fing sie an, ins Hosenbein oder die Arme zu beißen.

Nora hingegen ist eine sehr zarte und sanfte Hündin. Sie ist meist sehr vorsichtig und höflich im Umgang mit anderen Hunden. Dazu möchte sie es mir immer recht machen, und es ist ihr wichtig, dass die Gruppe zusammenbleibt. Entsprechend entfernt sie sich nie wirklich weit von mir oder der Gruppe.

Daran sehen Sie, dass auch Hunde der gleichen Rasse einen völlig unterschiedlichen Charakter haben können. Diesen unterschiedlichen Charakteren muss man auch im Training Rechnung tragen. Was die körpersprachliche Kommunikation angeht, das Korrigieren oder Abbrechen eines Hundes, oder aber auch das Verhältnis von Lob und Begrenzen, muss ich mit beiden Hunden also völlig unterschiedlich arbeiten. Würde ich Franzi so behandeln wie Nora, würde die Hundeerziehung nicht funktionieren. Sie würde mich nicht für voll nehmen und machen, was sie will. Im Gegensatz dazu wäre Nora wahrscheinlich bei mir ausgezogen, wenn ich sie so vehement eingeschränkt hätte, wie es für Franzi notwendig gewesen ist.

Genauso ist es auch oft bei Hunden unterschiedlicher Rassen. Insbesondere Mehrhundehalter erkennen das in der Regel schnell.

Louis, mein Labrador-Weimaraner-Mix, ist sehr robust und unempfindlich gegenüber Körpersprache und Geräuschen. Möchte ich ihn aus der Bewegung körpersprachlich anhalten, muss ich schon sehr deutlich nach vorn gerichtet und dynamisch auf ihn zugehen. Bei Nora brauche ich

Ein Hundepaar mit ganz unterschiedlichen Charakteren. Darauf muss auch die Erziehung individuell abgestimmt sein

nur den Hauch einer Bewegung, meistens reicht sogar ein Blick.

Wurzeln dieser Eigenschaften erkennt man bereits in den ursprünglichen rassetypischen Aufgaben. Labradore, ursprünglich als Jagdgebrauchshunde gezüchtet, mussten »schussfest« sein. Würden sie bei jedem Schuss verschreckt das Weite suchen, wären sie unbrauchbar gewesen. Um dann das geschossene Wild zu apportieren, durften sie auch vor einem Dickicht oder kalten Gewässern nicht zurückschrecken. Daraus resultiert die heute noch vorhandene Unempfindlichkeit gegenüber Geräuschen und die körperliche Robustheit.

Schäferhunde hingegen waren ursprünglich eine Mischung aus Hüte- und Herdenschutzhunden. Sie mussten daher viel mehr auf die Signale des Hirten achten, um mit ihm zusammen die Herden zu treiben. Das hatte Achtsamkeit und hohe Sensibilität auf körpersprachliche Signale zur Folge. Erhalten geblieben ist auch die Verteidigungsbereitschaft, welche früher ebenfalls zu ihren Aufgaben gehörte, denn die Hunde mussten die Herde und Hab und Gut des Schäfers beschützen.

Diese Individualität unserer Hunde müssen wir bei der Kommunikation und beim Training mit ihnen unbedingt berücksichtigen. Würden Sie beim Einparken das Gaspedal eines Maseratis genauso weit durchdrücken wie das eines VW-Käfers, können Sie nur hoffen, dass Sie eine leistungsfähige Versicherung abgeschlossen haben.

Stellen Sie sich also wirklich auf Ihren Hund oder Ihre Hunde ein, und achten Sie penibel dar-

Die Orientierung des Hundes am Menschen ist die Basis für einen harmonischen Alltag

auf, welche Form der Kommunikation bei Ihrem Hund ankommt, insbesondere welche Intensität Ihres Handelns die richtige ist. Wo bei einem Hund ein Blick reicht, muss es bei einem anderen möglicherweise eine deutliche körpersprachliche Korrektur sein.

Ob eine Korrektur verstanden wurde und somit auch beim Hund ankommt, sehen Sie immer daran, ob er auf Sie reagiert, also das gewünschte Feedback zeigt. Tut er das nicht, scheint die Nachricht nicht angekommen zu sein, oder sie war für den individuellen Charakter Ihres Hundes nicht stimmig und glaubhaft vermittelt.

Faire Hundeerziehung ist stufenweise aufgebaut

Der stufenweise Aufbau des Schwierigkeitsgrades ist eine der wichtigsten Voraussetzungen für ein faires und erfolgreiches Hundetraining. Das ist vielen Hundehaltern jedoch nicht bewusst.

Häufig kommen Hundehalter in die Hundeschule, wenn sie ein Verhalten ihres Hundes stört. Man spricht dann von einem sogenannten Problemverhalten. Meistens handelt es sich jedoch nicht wirklich um ein Problemverhalten, das besonderer verhaltenstherapeutischer Maßnahmen bedarf, sondern um Erziehungs- und Beziehungsdefizite. Was aber kaum erkannt wird, ist, dass diese Defizite auch bereits an vielen anderen Punkten sichtbar sind.

Nehmen wir an, Sie haben einen Hund, der gerne Rehe jagen würde oder der beim Gassigehen Artgenossen anpöbelt und in die Leine springt, wenn Sie mit ihm an diesen vorbeigehen wollen. Dies ist das primäre Problem.

Analysiert man nun die Mensch-Hund-Beziehung, ist es wichtig, zunächst zu erkennen, auf welchem Erziehungsstand der Hund sich befindet. Wozu ist er aktuell überhaupt in der Lage? Was kann er leisten?

Erinnern Sie sich an das Beispiel von Labrador Samy? Auch dort erfolgte zunächst eine Verhaltensanalyse. Dabei ist es wichtig, auf grundlegende Fähigkeiten des Hundes und die Beziehungsqualität zum Halter zu schauen.

Doch was sind die grundlegenden Fähigkeiten, die jeder Hund beherrschen sollte? Diese Fähigkeiten sind die Basis für einen umgänglichen Hund, dem wir die nötigen Freiheiten für ein artgerechtes Hundeleben geben können. Folgendes sollte demnach jeder Hund lernen oder bereits gelernt haben:

Die Ansprechbarkeit

Der Hund sollte darauf reagieren, wenn sein Mensch ihn mit seinem Namen anspricht. Er sollte sich ihm zuwenden oder zumindest Blickkontakt herstellen.

Die Orientierung am Menschen

Der Hund sollte sich grundsätzlich am Menschen orientieren, was bedeutet, dass er auf seinen Menschen achtet und ihm folgt. Das bedeutet nicht, dass dies in unmittelbarer Nähe zum Halter passieren muss, jedoch sollte der Hund sich in der Nähe des Hundehalters aufhalten und auch Richtungswechseln des Menschen folgen.

Impulskontrolle

Der Hund sollte seine Impulse in einem gewissen Mindestmaß kontrollieren können. Das bedeutet beispielsweise, dass er sich bewegenden Objekten nicht direkt folgt und sich nicht in deren Richtung bewegt. Das können fliegende Bälle, Blätter, die aufgewirbelt werden, oder losfliegende oder am Wegesrand sitzende Tauben sein. Dazu gehören aber auch einfache Dinge, wie ruhig und geduldig zu warten, wenn Futter zubereitet wird oder ruhig vor einem Futternapf zu warten, bis dieser freigegeben wird und nicht direkt darauf loszustürmen und sich selbst zu bedienen.

Frustrationstoleranz

Hunde müssen akzeptieren, und am besten schon im Welpenalter gelernt haben, dass im Leben nicht immer alles so läuft, wie man es gerne hätte. Dass man nicht alles essen kann, was lecker duftet und herumliegt, und dass man auch mal warten und ordentlich an der Leine laufen muss, obwohl man gerade viel lieber rennen würde. Auch zu akzeptieren, dass nicht jeder interessante Gegenstand für sie gedacht ist und andere Hunde ebenfalls gestreichelt werden, Liebe und Zuneigung bekommen und sie selbst gerade nicht im Mittelpunkt stehen, ist ein Lernprozess. Frustrationstoleranz ist eine grundlegende und wichtige Eigenschaft für Hunde und auch für den Menschen. Hat der Hund gelernt, mit Frust – der immer mal wieder aufkommen kann – vernünftig umzugehen, erleichtert dies das Leben von Hund und Halter ungemein.

Je früher ein Hund Frustrationstoleranz lernt, desto besser und einfacher wird es. Genauso wie ein Menschenkind lernen muss, dass es auch dann kein Überraschungsei bekommt, wenn es sich an der Supermarktkasse schreiend auf den Boden wirft, müssen es auch unsere Hunde lernen.

Generelle Akzeptanz des Hundehalters

Der Halter sollte seinem Hund Gegenstände wegnehmen und ihm etwas verbieten können, beispielsweise Essen, das in Reichweite des Hundes steht, das Buddeln eines Lochs im Garten oder das Anfressen der neuen Sportschuhe. Der Hund sollte diese Verbote des Halters akzeptieren und einhalten.

Grundkommandos

Kommandos wie »Sitz« oder »Platz«, den eigenen Namen kennen, einen sicheren Rückruf und ein »Stopp« sollte der Hund gelernt haben und auch unter Ablenkung zuverlässig zeigen können.

Kommen wir nach diesem Ausflug in die Grundlagen der Hundeerziehung nun also zurück zu dem Hund, der Rehe jagt oder bei Hundebegegnungen unfreundlich in die Leine springt. Für eine vernünftige Verhaltensanalyse müssen Sie zunächst bewerten, wie schwierig die jeweilige Situation für Ihren Hund ist.

Ordnen wir dazu einmal die Anforderungen an den Hund beispielhaft einem Schwierigkeitsgrad von 1 bis 10 zu (1 = leicht, 10 = sehr schwer):

- Hundebegegnungen 8
- keine Rehe jagen 10
- sitzen bleiben ohne Ablenkung 2
- sitzen bleiben, wenn Futter vor den Hund geworfen wird 4
- sitzen bleiben, wenn andere Hunde vorbeigehen 6
- sitzen bleiben, wenn Bälle oder andere Gegenstände vor dem Hund geworfen oder bewegt werden 7
- usw.

Hinweis: Was für den einzelnen Hund wie schwierig ist, ist hochindividuell. Auch welcher Reiz einen Hund am stärksten triggert (Bewegungsreize, Artgenossen, Futter oder Wild) unterscheidet sich von Hund zu Hund. Daher muss eine solche Skala immer für jeden Hund individuell gesehen werden, auch wenn es erfahrungsgemäß viele Gemeinsamkeiten bei unseren Hunden gibt.

Wenn Sie nun also mit Ihrem Rehe jagenden oder pöbelnden Hund zu mir ins Hundetraining kom-

Stufe 10	keine Rehe jagen
Stufe 9	
Stufe 8	
Stufe 7	
Stufe 6	sitzen bleiben, wenn andere Hunde vorbeigehen
Stufe 5	
Stufe 4	
Stufe 3	
Stufe 2	sitzen bleiben ohne Ablenkung
Stufe 1	

men und ich würde direkt anfangen, am Wild oder mit anderen Hunden zu trainieren, dann könnte das gegebenenfalls nicht nur wenig Erfolg versprechend sein, sondern auch sehr unfair gegenüber Ihrem Hund. Denn die Voraussetzung dafür ist, dass er die genannten Übungen einwandfrei bewältigen kann.

Genau das verlangen aber viele Hundehalter. Sie möchten das »Problemverhalten« ihres Hundes loswerden – und das so schnell wie möglich.

Dazu müssen sie jedoch bereit sein, an einem anderen Schwierigkeitsgrad mit dem Training zu beginnen.

Um es noch einmal auf den Punkt zu bringen:

Wenn Ihr Hund es nicht schafft, sitzen zu bleiben, wenn Sie ihm Futter oder einen Ball vor die Füße werfen, kann er es auch nicht schaffen, dem Wild nicht hinterherzurennen.

Die dafür notwendige Impulskontrolle muss erst von Grund auf gelernt werden, damit diese später auch in schwierigeren Situationen zu bewältigen ist.

Und wenn Sie Ihren Hund in der Wohnung nicht begrenzen können, etwa auf einen Platz schicken, wo er auch unter Ablenkung liegen bleibt, dann werden Sie noch viel weniger Chancen haben, ihm das Pöbeln und In-die-Leine-Springen bei Hundebegegnungen zu verbieten oder abzutrainieren.

Wenn Sie zu Hause vor der Haustüre bereits Probleme haben, Dinge bei Ihrem Hund durchzusetzen, dann sind diese außerhalb der eigenen vier Wände umso größer und schwieriger zu bewältigen.

Ein faires Hundetraining ist dadurch gekennzeichnet, dass wir solche Zusammenhänge erkennen und den Hund dort abholen, wo das Training für ihn herausfordernd, aber nicht unmöglich ist. Also genau am Trainingsstand des jeweiligen Hundes. Der Schwierigkeitsgrad muss richtig gewählt und dann stufenweise im Training angepasst werden, bis der Hund in der Lage ist, in der eigentlichen Problemsituation zu trainieren.

Gleichermaßen wirkt sich das gemeinsame Training auch positiv auf die Mensch-Hund-Beziehung aus, sodass diese im späteren Verlauf deutlich gefestigter sein wird.

Seien Sie also fair zu Ihrem Hund. Machen Sie sich die Mühe, stufenweise mit ihm zu trainieren und ihn damit nicht zu überfordern. So lernen unsere Hunde wesentlich besser, und es stellt sich ein schneller Erfolg ein. Die kleinen Erfolgserlebnisse, die Sie auf dem Weg dahin haben, werden auch Ihnen Spaß machen und Sie motivieren.

Das richtige Mindset

Ihre Einstellung gegenüber dem Training mit Ihrem Hund ist nicht nur ausschlaggebend für den Trainingserfolg, sondern auch dafür, wie das

Viele Verhaltensprobleme unserer Hunde werden vom Menschen gemacht

Training von Ihnen und Ihrem Hund wahrgenommen wird.

Wenn das eine oder andere mit dem Hund noch nicht gut funktioniert, werden diese Dinge schnell als Probleme beschrieben und der Hund als Problemhund.

Dies beinhaltet jedoch das Mindset, also die Einstellung, dass der Hund falsch ist oder etwas falsch macht. Vielleicht ist aber gar nicht der Hund das Problem?

Vielleicht haben Sie es als Hundehalter nur noch nicht geschafft, Ihrem Hund verständlich zu vermitteln, was er tun soll. Oder, es ist Ihnen noch nicht gelungen, Ihre Beziehung mit Ihrem felligen Freund so weit zu verbessern, dass sich Probleme in Luft auflösen?

Ich möchte hier weder daran zweifeln, dass ein Hund auch einmal schwierig sein kann und Flausen im Kopf hat, noch möchte ich behaupten, dass immer der Mensch an allem schuld ist.

Ich möchte damit vielmehr dazu anregen zu reflektieren, was man selbst dazu beisteuert, dass die Situation so ist, wie sie ist. Darüber hinaus bringt es meiner Meinung nach nichts, den schwarzen Peter hin- und herzuschieben.

Genauso wenig wie Sie falsch sind, sind es in den meisten Fällen auch unsere Hunde nicht.

Sehen Sie die möglicherweise noch existierenden Schwierigkeiten untereinander als Herausforderung an, die Sie beide zu bewältigen haben. Hierzu bedarf es auch des Verständnisses für den Hund.

Probleme als Chancen

Versuchen Sie doch in Zukunft, Problemsituationen gar nicht mehr als Problemsituationen zu beschreiben, sondern als Trainingsmöglichkeiten.

Eine gut befreundete Hundetrainerin hat mich im Training einmal gefragt, was das Ziel mit dem Hund sei? Training oder Endergebnis?

Um dies zu verdeutlichen, stellen Sie sich vor, Ihr Hund zieht stark an der Leine, und Sie möchten mit ihm zum Bäcker gehen und einkaufen. Wenn Ihr Ziel nun ist, möglichst schnell zum Bäcker zu kommen und Sie das Ziehen des Hundes stört, werden Sie sich den ganzen Weg ärgern und den Fokus auf dem Problem und dem »falschen Verhalten« des Hundes haben. Trainingserfolge sind so sehr schwierig zu erreichen.

Versuchen Sie, solche Situationen zu vermeiden. Lassen Sie also Ihren Hund lieber zu Hause, wenn Sie es gerade eilig haben. Und versuchen Sie, diese Situationen gedanklich zu entkoppeln. Verlassen Sie mit der Einstellung das Haus, dass Sie jetzt mit Ihrem Hund zusammen vor die Türe gehen, um an der Leinenführigkeit zu arbeiten. Das ist jetzt Ihr neues Ziel: die Arbeit und Kommunikation mit dem Hund. Nicht der Bäcker. Vielleicht klappt es toll, und Sie brauchen die doppelte Zeit bis zum Bäcker. Was soll's? Oder Sie trainieren 20 Minuten, bringen den Hund wieder nach Hause

Erst die Leinenführigkeit, dann Brötchen holen

und fahren noch einmal mit dem Fahrrad oder Auto zum Bäcker. Auch das ist legitim.

Haben Sie Geduld mit Ihrem Hund und sehen Sie das gemeinsame Training nicht als Belastung oder als Problem an. Einem dreijährigen Kind würde auch niemand einen Vorwurf machen, weil es noch nicht lesen kann. Denken Sie bitte auch immer an all die schönen und lebensbereichernden Dinge, die ein Zusammenleben mit Hund mit sich bringt. Seien Sie dankbar für jeden Tag, den Sie mit Ihrem Vierbeiner an Ihrer Seite verbringen dürfen.

Sehen Sie Probleme als Chancen zusammenzuwachsen, diese zusammen zu lösen, sich dabei gemeinsam weiterzuentwickeln und immer besser und enger zusammenzurücken.

Beziehung *next level* – Wie Sie die Beziehung zu Ihrem Hund verbessern können

Das Seewiesener Modell

Die Bedeutung der Beziehungsebene im Zusammenleben mit dem Hund sollte Ihnen mittlerweile bewusst sein. Doch nun fragen Sie sich wahrscheinlich, wie Sie die Beziehung zu Ihrem Hund zum Positiven beeinflussen können. Dazu möchte ich Ihnen das Seewiesener Modell vorstellen, welches von Forschern des Max-Planck-Instituts für Verhaltensphysiologie entwickelt wurde.

Dieses Modell beschreibt die vier wesentlichen Einflussfaktoren auf die Beziehungsqualität:

1. Attraktivität
2. Vertrautheit und Verlässlichkeit
3. Erträglichkeit
4. Verfügbarkeit

1. Attraktivität

Attraktivität meint hier nicht die sichtbare, physische Attraktivität, wie Körperbau oder schönes Fell. Sie beschreibt, wie attraktiv ein Beziehungspartner für den anderen ist, also welchen Mehrwert dieser ihm bieten kann.

Das könnte bei Hunden etwa die Qualität eines Reviers sein und der damit einhergehende Zugriff auf wichtige Ressourcen wie Nahrung und Schutz. Im Detail sind es auch bestimmte Fähigkeiten der Hunde, beispielsweise, wenn es darum geht Nahrung zu beschaffen oder Strategien dafür zu entwickeln. Die Sicherheit spielt ebenfalls eine wichtige Rolle. Diese ist eng verknüpft mit der Verteidigungsbereitschaft eines Beziehungspartners. Bei Beziehungen unterschiedlichen Geschlechts ist die Verwaltung und Sicherung von wichtigen Ressourcen elementar für die gemeinsame Aufzucht von Nachkommen.

Neben diesen lebenswichtigen materiellen Dingen, die im ersten Moment sehr kühl und rational klingen, spielt aber auch die Häufigkeit und die Qualität von gemeinsamen Handlungen eine wichtige Rolle.

Gemeinsames Spiel bedeutet, zusammen Spaß zu haben. Aber auch die gegenseitige Fellpflege und das Zusammenliegen und Kuscheln, oder das gemeinsame Bewältigen von Herausforderungen spielen eine wichtige Rolle. Hier haben wir also doch noch etwas Romantik. Wenn zwei Hunde zusammen am Strand in den Sonnenuntergang laufen, dürfte das zumindest teilweise förderlich für eine positive Beziehung sein.

Welche Bedeutung hat diese Attraktivität für Sie als Hundehalter?

Auch Sie können für Ihren Hund attraktiv sein. Dies bezieht sich in erster Linie darauf, wie Sie gemeinsam Zeit miteinander verbringen. Gehen Sie mit Ihrem Hund immer die gleiche Runde spazieren, laufen gelangweilt neben ihm her und beschäftigen sich mit Ihrem Handy? Das wäre für mich ein gemeinsames einsames Spazierengehen. Versuchen Sie Ihrem Hund Abwechslung zu bieten. Variieren Sie die Runden, die Sie, mit Ihrem Hund gehen und bieten Sie ihm neue Umgebungen und Umweltreize.

Darüber hinaus wäre es schön, wenn Sie sich auf den Spaziergängen mit Ihrem Hund beschäftigen. Vielleicht trainieren Sie ein paar Kommandos oder üben ein paar neue Tricks? Oder Sie suchen sich ein gemeinsames Hobby, das man unterwegs einfach ausüben kann, wie etwa Suchspiele. Lassen Sie Ihren Hund doch etwas apportieren, das Sie vorher versteckt haben. Gehen Sie mit Ihrem Hund zu einem Bach oder einem Fluss, ziehen sich die Schuhe aus und laufen oder schwimmen Sie ein paar Meter mit ihm im Wasser. Gerade weil wir Menschen dazu neigen, uns schnell in Gedanken zu verlieren, kann es auch uns helfen, einmal richtig abzuschalten. Eins mit der Natur und dem Hund und nur im Hier und Jetzt zu sein.

Ein Hundeleben abwechslungsreich und spannend zu gestalten führt zu einer hohen Attraktivität des Hundehalters

Oder noch besser: Spielen Sie mit Ihrem Hund, rennen Sie zusammen ein paar Meter, raufen oder albern Sie einfach mit ihm herum. Hunde verstehen Spaß. Ich albere gerne mit Hunden herum. Man merkt ihnen an, dass sie es lustig finden.

Das Sozialspiel nimmt einen sehr wichtigen Teil der Beziehungsarbeit ein, der von vielen unterschätzt wird. Da dieses Thema wirklich wichtig ist, widme ich dem Spiel zwischen Mensch und Hund ein eigenes Kapitel in diesem Buch. Dort erfahren Sie, wie Sie richtig mit Ihrem Hund spielen. Also so, dass Hund und Mensch davon profitieren.

Neben den aktiven Tätigkeiten mit dem Hund, ist es genauso wichtig, ruhige gemeinsame Zeit zu verbringen. Entspannen Sie zusammen. Es

Oxytocin

Nach ein paar Minuten Körperkontakt, zum Beispiel durch gemeinsames Kuscheln, schutten sowohl Menschen als auch Hunde das Hormon Oxytocin aus.

Oxytocin hat umgangssprachlich viele Namen. Es wird unter anderem als Kuschelhormon, Liebeshormon oder Vertrauenshormon bezeichnet. Es wird auch bei Körperkontakt unter Menschen ausgeschüttet, etwa wenn Mütter ihre Kinder stillen.

Die Ausschüttung des Hormons wirkt sich stark positiv auf Bindung und Vertrauen aus und spricht das zerebrale Belohnungssystem an, also das Belohnungssystem des Gehirns. Dadurch, dass ein steigender Oxytocinspiegel gleichzeitig zu einer Verringerung des Stresshormons Cortisol führt, wirkt es zudem ausgleichend und beruhigend bei Stress.

Die schwedische Veterinärwissenschaftlerin Dr. Linda Handlin konnte 2010 in ihrer Doktorarbeit sogar nachweisen, dass allein der Blickkontakt zwischen Mensch und Hund die Produktion von Oxytocin ankurbeln konnte.

Neben den bereits erwähnten stressreduzierenden Effekten hat sie auch eine blutdrucksenkende, angstlösende und entzündungshemmende Wirkung nachgewiesen. Sogar eine erhöhte soziale Kompetenz der Hundehalter war zu beobachten.

Diese positiven Effekte sprechen zweifelsfrei dafür, dass unsere Hunde uns guttun und positive Auswirkungen auf uns haben. Und das nicht nur abends zusammen auf der Couch. Sie können uns durch den Alltag und schwierige Situationen begleiten und uns unterstützen.

Diejenigen Leser von Ihnen, die das Glück haben auch während der Arbeitszeit mit einem Hund zusammen sein zu können, kennen auch die positiven Auswirkungen auf Teams oder die allgemeine Stimmung in einem Büro. Ich kann nur dafür plädieren, mehr Hunde in den beruflichen Alltag zu integrieren. Auch Arbeitgeber haben bei den eben genannten Forschungsergebnissen eigentlich keine guten Argumente, Hunde zu verbieten, sofern die individuelle Arbeitssituation dies zulässt.

Körperkontakt und Kuscheln tun Mensch und Hund gleichermaßen gut

spricht absolut nichts gegen das Kuscheln mit dem Hund auf der Couch. Diese gemeinsamen Zeiten genießen sowohl Menschen als auch Hunde sehr, was man übrigens sogar chemisch nachweisen kann.

Auch bei Beobachtungen freilebender Hunde in Gruppen konnte man nachweisen, dass Hunde den größten Teil ihrer aktiven Zeit des Tages mit Sozialverhalten verbringen. Sie sind also gut beraten darin, sowohl mit Ihrem Hund zu spielen und sich positiv und aktiv mit ihm zu beschäftigen als auch entspannte gemeinsame Ruhezeiten zu genießen. Eigentlich recht einfach, oder?

Richtig führen will gelernt sein

Kommen wir zu einem weiteren Punkt, der die Attraktivität eines Beziehungspartners positiv beeinflusst: Führungsqualitäten.

Aber was sind Führungsqualitäten? Hierzu gibt es zahlreiche Literatur. Um das Thema nicht unnötig kompliziert zu machen, gibt es von mir hier nur eine kurze Erläuterung.

Generell kann man sagen, dass eine Person, die führt, es schafft, andere Menschen oder Tiere anzuleiten und dadurch gewisse Ziele oder Ergebnisse erreicht werden. Hierzu kann man sich unterschiedlicher Methoden bedienen – in der Managementliteratur wird dann heiß über die besten Führungsstile diskutiert.

Denkt man an Hundegruppen oder Wölfe, haben viele Menschen das Bild von einem dominanten Leittier im Kopf. Ich habe sogar schon von Managementseminaren gehört, die in Wolfszentren stattfinden. Solche Zentren sind zwar wunderbar dafür geeignet, um Kommunikation und Ausdrucksverhalten zu lernen und zu beobachten, jedoch sind Rückschlüsse auf das Sozialverhalten nur bedingt möglich. In dieser künstlich hergestellten Umgebung haben die Tiere keine Möglichkeit abzuwandern, wie es in freier Wildbahn passieren würde. So sind Interaktionen weitaus konfliktreicher und die Beziehungsstruktur hierarchischer, als das in freier Wildbahn der Fall wäre.

Führen bedeutet also keineswegs, jemanden zu unterdrücken. Es bedeutet auch nicht, durch aggressive Verhaltensweisen oder Dominanzgesten andere in ihrer Freiheit einzuschränken.

Vielmehr bedeutet es, anderen zu helfen, andere anzuleiten, Vertrauen zu schenken, durch besonders ausgeprägte Fähigkeiten zu glänzen und Ruhe und Besonnenheit auszustrahlen. Meist haben jene Hunde einen hohen Rang inne, die am wenigsten in Konflikte verwickelt werden. Sie werden von der Gruppe akzeptiert und schaffen es, sie zu leiten und für Harmonie zu sorgen. Die Gruppe sucht ihre Nähe und akzeptiert in der Regel ihre Entscheidungen. Diese souveränen Hunde besitzen hochgradig ausgeprägte soziale Kompetenzen und leiten die Gruppe, ohne dies mit eiserner Hand zu tun. Auch Unterwerfungsgesten werden nicht häufig eingefordert, sondern von den Gruppenmitgliedern gerne, aktiv und freiwillig gezeigt.

Wenn Sie als Mensch ausgeglichen, sicher und emotional stabil sind und das auch durch Ihre Körpersprache und Energie ausstrahlen, sind Sie auf einem guten Weg. Sie können in entscheidenden Situationen Verantwortung übernehmen und Sicherheit bieten, Sie können motivieren und im Zweifel Grenzen setzen und Dinge durchsetzen.

Wir schätzen Menschen, die ehrlich sind, Menschen, die geradeheraus sagen, was sie denken und sich nicht verbiegen lassen. Wir lieben den »Fels in der Brandung« und Menschen, die den Mut haben, Meinungsverschiedenheiten konstruktiv zu lösen und auszutragen. Hunde schätzen solche Menschen ebenfalls sehr und orientieren sich an ihnen, weil diese Menschen Führungsqualitäten aufweisen.

2. Verlässlichkeit

Aber auch Vertrautheit und Sicherheit ist für Hunde elementar wichtig. Dies geht stark mit einer Planbarkeit für den Hund einher. Hunde möchten ihre Menschen einschätzen können. Das gibt ihnen schon einmal ein hohes Maß an Sicherheit und Vertrauen. Vorausgesetzt natürlich, sie rechnen nicht immer mit schlechtem und negativem Verhalten ihres Halters. Der Kettenhund, der immer von den Kindern geärgert wird, wenn sie aus der Schule kommen, kann das zwar auch planen und erwarten, jedoch führt ein solches negatives Verhalten zu Ängsten und nicht zu einer guten Beziehung.

Diese Einschätzbarkeit und Planbarkeit steht ganz wesentlich im Zusammenhang mit der Stressregulation unserer Hunde. Das heißt konkret: Hunde, die ihren Halter einschätzen und damit besser planen können, haben weniger Stress als Hunde, die das nicht können, weil ihr Halter sich immer anders und damit nicht planbar verhält. Damit ist es für sie schwer einzuschätzen, was sie erwartet.

Es geht nicht darum, nicht auch einmal Nein sagen oder dem Hund etwas verbieten zu dürfen, sondern es geht um das emotionale Verhalten des Hundehalters und die Beständigkeit des Kommunizierten.

Kuscheln Sie beispielsweise drei Tage hintereinander mit Ihrem Hund auf der Couch, und am vierten Tag bekommen Sie einen Wutanfall, weil Ihr Hund, noch nass vom Regen, auf die Couch springt und Sie Besuch erwarten, dann ist das für Ihren Hund nicht verständlich. Sie verhalten sich nicht konsequent.

Das betrifft übrigens alle erzieherischen Dinge gleichermaßen. Wenn Sie Regeln aufstellen, dann sollten sie allgemeingültig sein. Ein klares »Ja« –

Unsicherheit gehört zum Leben dazu – kann der Hund sich auf seinen Halter verlassen, hilft ihm das bei einer positiven Entwicklung

etwas ist erlaubt – oder ein klares »Nein« – etwas ist verboten –, ist wirklich hilfreich für unsere Hunde. Ein »vielleicht« oder »heute ja, morgen nein« können unsere Hunde nicht gut verstehen.

Warum Teilerfolge (Fehl-)Verhalten verstärken

Das Immer-mal-wieder-Erfolg-mit-etwas-Haben führt schnell zu einer hohen Erwartungshaltung des Hundes. Das erhöhte Erregungsniveau, welches mit einer hohen Erwartungshaltung einhergeht, hindert Hunde auch daran, in die so wichtige Entspannung zu kommen.

Sie können dieses Verhalten beobachten, wenn Ihr Hund etwa hin und wieder etwas Essen vom Tisch bekommt. Er wird dann, anstatt entspannt in seinem Körbchen zu liegen und zu dösen, speichelnd vor dem Tisch sitzen und darauf hoffen, etwas zu bekommen.

Insbesondere Menschen, die sich launisch verhalten und ihre schwankenden Stimmungen an ihren Tieren auslassen oder diese an sie weitergeben und sich damit auch emotional einmal so und einmal anders verhalten, sind für unsere Hunde schwer einzuschätzen.

Versuchen Sie konsequent zu sein in dem, was Sie Ihrem Hund vorgeben. Seien Sie emotional stabil gegenüber Ihrem Hund und werden Sie zu einem Hundehalter, auf den Ihr Hund sich verlassen kann!

3. Erträglichkeit

Sichere, ruhige und emotional stabile Menschen sind oft sehr beliebt bei Hunden, auch wenn sich dies nicht grundsätzlich pauschalisieren lässt. Hier besteht ein enger Zusammenhang zu den vorherigen Punkten Verlässlichkeit und Führungsqualitäten. Denn wer emotional stabil und einschätzbar ist, dessen Anwesenheit ist in der Regel sehr angenehm und damit gut erträglich.

Manchmal werden Hunde jedoch in Rollen gedrängt, die sie nicht gut erfüllen können. Dann sind es nicht die Hundehalter, die ihren Hunden Halt, Leitung und soziale Unterstützung bieten, sie suchen vielmehr soziale Unterstützung in ihren Hunden. Das ist immer dann der Fall, wenn der Hund menschliche Bedürfnisse nach Liebe, Zuneigung, Körperkontakt und Anerkennung erfüllen soll.

Wie gut Hunde den Menschen tun und wie wichtig enger sozialer Kontakt ist, habe ich ja bereits im Zusammenhang mit der Oxytocinausschüttung beschrieben. Es ist für beide Parteien – Hund und Mensch – eine Win-win-Situation. Beide fühlen sich dabei wohl. Wenn aber Hunde permanent im Mittelpunkt stehen, ständig überbehütet und den ganzen Tag nur noch gestreichelt oder zu einer Art Zwangskuscheln genötigt werden, tritt schnell ein sozialer Übersättigungsprozess auf Seiten des Hundes ein.

Noch schlimmer ist es, wenn von Hunden Dankbarkeit für die Fürsorge von uns Menschen verlangt wird. Hiermit möchten Menschen ihr Bedürfnis nach Anerkennung erfüllen.

So gut das Ganze auch gemeint ist, sollten wir hier unsere Bedürfnisse von denen unserer Hunde unterscheiden und reflektieren. Immer wenn der Wunsch nach Nähe vom Menschen größer ist als das, was der Hund leisten kann, hat das negative Auswirkungen auf die Mensch-Hund-Beziehung.

Soziale Übersättigung, welche durch übermäßiges Nähesuchen des Hundehalters entstanden ist, fördert somit nicht die Beziehung zum Hund, sie erzeugt eher eine Distanz. Erkennbar wird es

Es kommt auf das richtige Maß an – Körperkontakt sollte für beide angenehm sein. Dieser Hund fühlt sich sichtlich unwohl

daran, dass Hunde nicht mehr gerne in die Nähe des Halters kommen, eigenständig versuchen, entferntere Liegeplätze aufzusuchen oder den Kopf wegdrehen, wenn der Halter den eigenen Hund streicheln möchte. Weitere Zeichen können Stresssignale des Hundes wie eine kurze, flache Atmung, Gähnen, sich Kratzen, Hecheln oder Ähnliches sein.

Im Gegenzug dazu kann eine Distanz, welche vom Hundehalter hin und wieder eingefordert und bewusst hergestellt wird, zu mehr Nähe in der Beziehung führen. Distanz kann Nähe erzeugen, und Nähe kann Distanz erzeugen.

Bei all meinen Ausführungen ist immer wieder – ich kann es nicht oft genug sagen – auf die Individualität des Hundes zu achten.

Es gibt Hunde, die möchten stundenlang kuscheln und gestreichelt werden.

Eine Hündin in meinem Rudel, die ich absolut liebe – Ava –, sucht oft meine Nähe. Sie würde stundenlang auf mir liegen und lässt sich von Bauch über Kopf und Pfoten alles massieren.

Genauso gibt es aber auch Hunde, die es nicht mögen, wenn man ihnen permanent über den Kopf streichelt. Mein Hund Louis ist so einer. Zwar liebt er das Kontaktliegen bei mir auf der Couch, wird er aber zu viel angefasst und gestreichelt, geht er und sucht sich einen anderen Platz, an dem er seine Ruhe hat.

Achten Sie unbedingt auf Ihren Hund und schätzen Sie ihn richtig ein. Er zeigt Ihnen, was er mag und was nicht. Achten Sie bei sozialer Zuwendung darauf, dass sie für beide Seiten einen Mehrwert hat.

4. Verfügbarkeit

Mit Verfügbarkeit ist hier die Zeit gemeint, die zwei Beziehungspartner miteinander verbringen. In diesem Fall geht es also um die Verfügbarkeit des Hundehalters. Es dürfte klar sein, dass wenn man viel Zeit miteinander verbringt, eine Beziehung in der Regel intensiver und tiefgründiger werden kann, als wenn man kaum Zeit füreinander hat.

Wenn Sie genügend Zeit für Ihren Hund haben und dieser Sie als Familienmitglied täglich begleiten darf, haben Sie diesen Punkt betreffend schon mal gute Karten.

Wichtig ist, dass dem Hund dauerhaft Sozialkontakt ermöglicht wird und er die Möglichkeit hat, Bindungen aufzubauen.

Dabei ist es nicht nur möglich, für Hunde tolle Beziehungen zu mehreren Menschen und Artgenossen aufzubauen, sondern sogar wünschenswert. Über mehrere positive soziale Beziehungen zu verfügen, wirkt sich, sowohl auf uns Menschen als auch auf unsere Hunde, lebensbereichernd aus.

Verfügbarkeit im Mehrhundehaushalt

Wenn Sie mit mehreren Hunden und Menschen zusammenleben, achten Sie einmal darauf, wer mit wem wie stark in Verbindung steht.

Unter Kaniden bilden sich häufig Paare, das bedeutet, dass sich zwei Hunde zusammenschließen. Erkennbar ist das in erster Linie daran, dass sie die Nähe zueinander suchen. Sie orientieren sich aneinander, machen viele Dinge auch auf Spaziergängen gemeinsam, spielen miteinander oder liegen sogar zusammen im Körbchen.

Haben Sie mehr als zwei Hunde, sollten Sie darauf achten, dass jeder Hund seinen Bedürfnissen nach Kontakt und Bindung nachkommen kann. Dabei können die Menschen einbezogen werden.

Eine Mensch-Hund-Gruppe mit zwei Menschen und drei Hunden kann durchaus glücklich zusammenleben, auch wenn sich zwei Hunde zu einem Paar zusammengeschlossen haben. In diesem Fall ist es nur wichtig, dass einer oder beide Menschen die sozialen Bedürfnisse des dritten Hundes kompensieren, sodass niemand auf der Strecke bleibt.

Ähnliches gilt im Übrigen auch für Hundegruppen. Es gibt harmonische Gruppen von Hunden, in denen die Hunde stundenlang mit Sozialverhalten beschäftigt sind. Dies ist eine der natürlichsten Formen der Hundehaltung. Sofern Auslauf und Sozialkontakt zu Menschen gewährleistet sind, brauchen solche Hundegruppen auch weniger aktiv beschäftigt zu werden.

Schäferhündin Nora und Großer Schweizer Sennenhund Carl

Leben in der Gruppe kann sowohl geistig, als auch körperlich durchaus auslastend sein.

Zuletzt möchte ich Sie noch darauf hinweisen, dass eine Verfügbarkeit auch von Hunden eingeschränkt werden kann. Kommt ein neuer Hund in eine Familie, die bereits Hunde hält, existieren dort schon Beziehungsstrukturen. Es gibt Hunde, die das neue Familienmitglied freundlich empfangen und darin eine Bereicherung sehen. Genauso ist es aber möglich, dass ein Althund den neuen Hund gegenüber einem anderen Hund oder gegenüber einem Menschen abschirmt. Er schränkt damit die Verfügbarkeit ein. In solchen Fällen ist ein sensibles Managen der Hundehalter gefragt, ansonsten kann es zu verminderter Lebensqualität der ausgeschlossenen Hunde oder, im schlimmsten Fall, zu ernsthaften Auseinandersetzungen kommen.

Beziehungen im Wandel

Manchmal gibt es auch Hunde, die sich als Sozialpartner anbieten, also verfügbar sind, jedoch für den anderen nicht attraktiv oder erträglich sind.

Hier kann ich Ihnen ein Beispiel aus meinem Hundeschulteam erzählen. Carl, ein unglaublich liebenswürdiger Großer Schweizer Sennenhund, der von seinen Haltern freundlich als »Knetkopf« bezeichnet wurde, da er so viele Flausen im Kopf hatte, kam im Welpenalter in die Hundegruppe.

Als Junghund hat er sich sichtlich in meine Hündin Nora verliebt. Ab dem Zeitpunkt, als er sie das erste Mal als läufige Hündin erlebt hat, wollte er sie nicht mehr in Ruhe lassen. Er war wie ein Schatten, probierte sämtliche Dinge, um mit ihr zu spielen und in Kontakt zu treten. Das tat er stundenlang, während sie ihm nur die kalte Schulter zeigte und ihn abschnappte.

Carl hatte als Jungspund, abgesehen von einem massigen Adoniskörper, nicht besonders viel zu bieten. Er war unerfahren mit dem Leben, musste noch viel lernen und war nicht besonders sicher. Attraktiv war er damals für Nora nicht. Erträglich war er auch nur bedingt, denn mit seinem umgarnenden Verhalten nervte er meine Hündin mehr, als dass es ihr Spaß machte.

Heute ist Carl erwachsener geworden, und das Blatt hat sich gewendet. Nora und Carl spielen heute gerne miteinander, mögen sich, liegen sogar zusammen auf der Couch, kuscheln und rangeln zusammen mit dem Maul. Alles nette und sozial positive Verhaltensweisen. Wir könnten sie heute bedenkenlos stundenlang miteinander allein lassen, und alle Hunde würden sich wohlfühlen und hätten Spaß miteinander.

Das ist ein schönes Beispiel dafür, wie sich das Blatt wenden kann, und dafür, dass die Elemente des Seewiesener Modells sich dynamisch verändern können und sich damit auch die Beziehungen der Hunde und Menschen untereinander verändern.

Spiel & Spaß

Teambildungsmaßnahmen für Mensch und Hund

Im Zusammenleben mit unseren Hunden spielen nicht nur Status, Struktur und Handlungsspielräume eine Rolle. Eine ebenso große Bedeutung hat das gemeinsame Spiel von Hund und Mensch. In Hundegruppen gehört gemeinsames Spielen zur Tagesordnung.

Aber auch jedes Mensch-Hund-Team sollte zusammen Spaß haben und miteinander spielen. Warum, fragen Sie sich? Dafür gibt es viele Gründe. Gemeinsames Spielen bereitet beiden Parteien auf ganz natürliche Weise Freude und hat zudem ganz wesentliche positive Effekte auf die Beziehung zwischen Mensch und Hund.

Spiel und Spaß ist bindungs- und beziehungsfördernd, lässt Sie und Ihren Hund enger zusammenwachsen und verbessert in der Regel die Kommunikation miteinander.

Ich werde Ihnen hier ein paar Ideen liefern, was Sie mit Ihrem Hund unternehmen und ausprobieren können, wobei der Schwerpunkt auf dem Sozialspiel zwischen Mensch und Hund liegen wird.

Gemeinsames Lösen von Aufgaben schweißt zusammen und stärkt das Zusammengehörigkeitsgefühl, das gilt für Hunde- und Wolfsgruppen genauso wie für die Partnerschaft zwischen Hund und Mensch.

Nun wird es eher selten der Fall sein, dass Sie zusammen mit Ihrem Hund auf Futtersuche gehen, oder versuchen, gemeinsam ein Reh zu erlegen. Zwar gibt es noch aktive Jagdhunde, jedoch sind die meisten Jagdhunderassen mittlerweile Familienhunde geworden und liegen eher auf dem Sofa als unter dem Hochstand.

Das ändert aber nichts daran, dass die Beschäftigung miteinander und das gemeinsame Lösen von Aufgaben sehr wertvoll für die Beziehung zwischen Ihnen und Ihrem Hund ist.

Wenn ich von Beschäftigung miteinander rede, dann meine ich eine wirklich konzentrierte und aktive Beschäftigung miteinander. Zwar ist es genauso okay und sogar wünschenswert, wenn Sie mit Ihrem Hund wandern gehen, die Natur genießen und Ihr Hund nebenherläuft, jedoch sollte die aktive Beschäftigung mit Ihrem Vierbeiner in der Hundehaltung nicht fehlen. Die meisten unserer Hunde möchten mit uns kooperieren und mit uns zusammenarbeiten. Das liegt in ihren Genen.

Viele Auslastungsmethoden beziehen sich auf ursprüngliche Jagdaufgaben unserer Hunde.

Beim Apportieren beispielsweise muss der Hund einen Dummy suchen, entweder indem er sich merkt, wo dieser ungefähr gefallen ist, oder er muss seine Nase einsetzen und einer Geruchsspur folgen. Ob nun ein Fasan geschossen wird und in eine hohe Wiese fällt und ich meinen Jagdhund apportieren lasse, oder aber mein Hund einen geworfenen Stoffdummy sucht, macht hier kaum einen Unterschied.

Auch beim Mantrailing ist der herausragende Geruchssinn des Hundes gefordert, der ursprünglich zum Finden von Wild beziehungsweise Beutetieren notwendig war. Beim Mantrailing muss

Apportieren ist eine sehr ursprüngliche Aufgabe und trainiert eine Vielzahl von Fähigkeiten

allerdings kein Beutetier, sondern eine Person gesucht und gefunden werden.

Die beiden beschriebenen Aufgaben haben gemeinsam, dass wir sie nur zusammen mit unserem Hund lösen können. Unser Hund steht im Vordergrund, und wir müssen uns auf seine, uns Menschen überlegenen Fähigkeiten in diesen Bereichen verlassen.

Und glauben Sie mir, es ist ein tolles Gefühl, mit einem Hund in seinem Element zu arbeiten. Es ist wunderschön zu sehen, wie sehr sich unsere Hunde freuen, wenn sie eine schwierige Aufgabe gemeistert haben. Ich glaube, hier sind Menschen und Hunde gleichermaßen stolz.

Es gibt jedoch noch viele weitere Möglichkeiten, die kognitiven Fähigkeiten unserer Hunde zu fördern. Sportarten wie Obedience oder das gemeinsame Einüben von Tricks sind nur zwei davon. Hierbei müssen sich Hund und Mensch konzentrieren, um erfolgreich zusammenzuarbeiten.

Das Training soll Spaß machen

Beim Thema Auslastung unserer Hunde sollte Spaß im Vordergrund stehen. Wir arbeiten daher fast ausschließlich über positive Verstärkung und Motivation des Hundes. Egal, ob es Futter, ein Spielzeug, ein Sozialspiel mit dem Menschen oder die Streicheleinheit sind – Ihr Hund sollte unbedingt Spaß an dem gemeinsamen Training haben.

Aus meinem Praxisalltag als Hundetrainer kann ich sagen, dass die gemeinsame intensive

Gemeinsame Beschäftigung wirkt sich äußerst positiv auf die Beziehung aus

Beschäftigung mit einem Thema meist auch zu einer Verbesserung der Beziehung führt. Die Online-Plattform der Doguniversity bietet Interessierten hierfür zahlreiche Möglichkeiten, mithilfe von (Video-)Schritt-für-Schritt-Anleitungen zu lernen. Von Apportieren über Curving bis Trickdog ist sicher für jeden etwas dabei.

Bitte denken Sie unbedingt daran, solche gemeinsamen Hobbys in das Zusammenleben mit dem Hund zu integrieren. Sie machen die Beziehungsarbeit vollständig. Denn weder einseitige und übertriebene Einschränkungen des Hundes führen zu einer zufriedenstellenden Lebensqualität und einem ausgeglichenen Hund, noch die Hundeerziehung, die nur auf Spiel und Spaß basiert.

Die Erregungslage – Das Spiel mit dem Feuer

Wenn wir uns ein gemeinsames Hobby mit unserem Hund suchen, ist es wichtig, dass beide gleichermaßen daran Spaß haben. Seien Sie so fair und beachten, was Ihren Hund wirklich interessiert und worauf er Lust hat. Verschiedene Hunderassen haben meist unterschiedliche Interessen, so wird sich ein Leonberger eher selten darum reißen, mit Ihnen Agility zu machen, und ein Dackel ist im Schutzhundesport kaum zu finden.

Jedoch sollten Sie nicht voreilig aufgrund der Rasse für Ihren Hund urteilen. Ich bin manchmal immer noch sehr überrascht, wie individuell die Charaktere innerhalb einer Rasse sein können. So durfte ich Max mit seinen Haltern kennenlernen, einen Berner Sennenhund, der sowohl Spaß an Obedience als auch an Dog Dance mit seinem Frauchen hatte. Und die kleine Chihuahuahündin Keevie rennt beim Curving in irrer Geschwindigkeit um die Stangen und steht ihren größeren Artgenossen in nichts nach.

Ist das Erregungsniveau besonders hoch, fällt das Denken schwer

Neben dem Spaß gilt es jedoch noch eine andere Sache zu berücksichtigen: die Erregungslage unseres Hundes.

Dass Hunde bei einem Spiel, wenn sie arbeiten oder Sport machen, in eine höhere Erregungslage kommen, ist logisch. Genau das ist bis zu einem gewissen Grad gewünscht. Hunde bekommt man über Motivation sehr schnell in eine hohe Erregungslage.

Das Gaspedal ist bei vielen Hunden bereits eingebaut, die Bremse müssen Sie als Halter aber ebenso berücksichtigen. Und einen Hund ruhiger zu bekommen, ist wesentlich schwieriger, als einen Hund zu aktivieren.

Häufig ist das bei Hundesportlern zu beobachten. Hier sind die Hunde bereits beim Aussteigen aus dem Auto kaum mehr zu halten, kreischen vor Erregung und unterliegen einem wahnsinnigen Stress, bevor es überhaupt losgeht.

Vor ein paar Jahren durfte ich Linda kennenlernen, eine begnadete Hundesportlerin, die mit ihren Belgischen Schäferhunden bei Turnieren deutschlandweit die vordersten Plätze belegt.

Sie hat es geschafft, auch bei ihren »Hochleistungshunden« eine entsprechende Bremse einzubauen. Ruhe und Entspannung funktionieren bei ihren Hunden ebenso gut wie der Abruf von Höchstleistungen. Sie hat es geschafft, nicht nur über hundesportliche Motivation und Konditionierungen zu arbeiten, sondern ebenso viel Wert auf soziale und erzieherische Aspekte wie Impulskontrolle, Frustrationstoleranz, Ruhe und Gelassenheit gelegt.

Die passende Beschäftigung für den Hund finden

Aber auch als ganz normaler Familienhundehalter sollten Sie sich einmal Gedanken über die Erregungslage Ihres Hundes machen, denn leider werden viele Hunde falsch ausgelastet. Hunde, die hektisch und impulsiv sind, also die Hunde, von denen ihre Halter oft sagen »Der ist nicht kaputt zu bekommen!« – werden weiter beschleunigt. Etwa durch Bälle werfen, Agility, Fahrrad fahren oder andere beschleunigende Tätigkeiten. Leider treten hier gegenteilige Effekte ein. Solche Hunde werden durch die vielen Aktivitäten nicht ruhiger, da sie nicht »ausgepowert«, sondern körperlich nur immer besser trainiert werden. Für solche Hunde eignen sich entschleunigende Auslastungs-

Linda mit ihrer Hündin Yuma beim Obediencesport

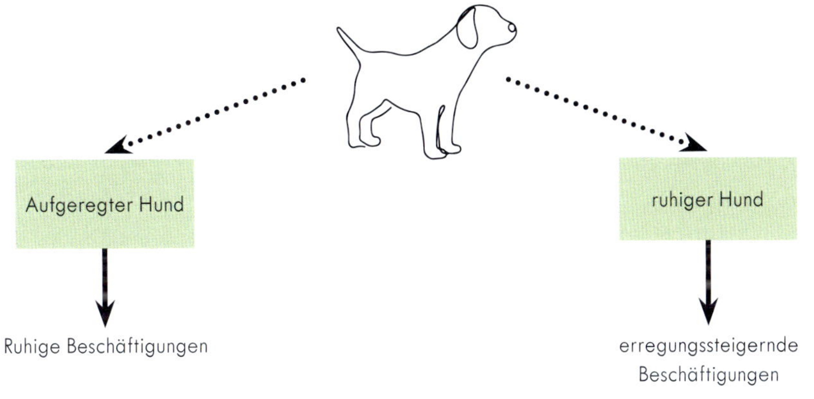

methoden wesentlich besser. Auslastungen, bei denen der Hund ruhig ist und nachdenken muss, wie Nasenarbeit oder Kopfarbeit, führen zu einer Entschleunigung und bringen Ruhe in die Interaktionen zwischen Mensch und Hund.

Überlegen Sie einmal, was für ein Charakter Ihr Hund ist und ob er eher ein hektischer und aufgeregter oder ein ruhiger, ausgeglichener Vertreter ist.

Bei aufgeregten Hunden empfehle ich Ihnen eher ruhige Beschäftigungen und bei ruhigen Hunden eher solche, die die Erregung etwas ankurbeln. Sollten Sie jedoch größere Ambitionen im Hundesport haben, dann werden Sie wahrscheinlich nicht auf eine ruhige Auslastung umschwenken, sondern müssen lernen, Ihren Hund auch in der allerhöchsten Reizlage zu kontrollieren. Dies trifft jedoch auf die allermeisten Familienhunde nicht zu.

Sportarten, die Hund und Halter Spaß machen

Agility/Hoopers: Hierbei wird der freilaufende Hund ausschließlich über **Handzeichen, Körpersprache und verbale Kommandos** vom Menschen durch einen Hindernisparcours gelotst.

Trickdog: Als Trickdogging wird das Trainieren von kleinen Kunststücken und Tricks bezeichnet. Dabei erlernt der Hund Übungen auf verschiedenen Schwierigkeitsstufen. Diese tolle Art der Beschäftigung stärkt zudem die Beziehung und Bindung zwischen Mensch und Hund.

Obedience: Für diese Sportart ist eine gute Mensch-Hund-Beziehung Voraussetzung. Der Hund muss alle Grundkommandos sowie das Apportieren über die Stimme und Sichtzeichen beherrschen, welche dann über eine gewisse Distanz vom Hund gefordert werden.

Curving: Diese Sportart ist ziemlich neu. Es ist eine Kombination aus Geschwindigkeit und Motivation, aber kontrolliert und präzise. Beim Curven umrundet der Hund Stangen, die als Parcours aufgestellt und farblich markiert sind.

Objektsuche: Hierbei wird der Hund auf verschiedene Gegenstände konditioniert, die später auf Anweisung in verschiedenen Verstecken gefunden und angezeigt werden sollen.

Fährtenarbeit: Dabei folgt ein Hund einer vorab ausgelegten Spur bis zum Ziel und darf dabei nicht vom vorgegebenen Weg abweichen.

Flyball: Der Hund sprintet über vier Hürden, fängt den Ball aus der Flyball-Box und rennt über die Hindernisse zurück zu seinem Halter. Ein schneller und toller Sport für alle, die Wettkämpfe lieben.

Hütearbeit/Treibball: Das Ziel ist es, die auf einem Spielfeld liegenden Bälle in Zusammenarbeit von Mensch und Hund in ein Tor zu bringen. Zielgerichtetes Treiben erreicht das Team, indem der Mensch Stimme und Handzeichen einsetzt und der Hund diese Anweisungen am Ball ausführt.

Frisbee: Hierbei fängt der Hund die vom Menschen geworfenen Frisbee-Scheiben in der Luft und trainiert somit Ausdauer, Reaktionsvermögen und Schnelligkeit. Der gemeinsame Spaß stärkt zudem die Bindung zwischen Mensch und Hund.

Dog Dance: Tanzen mit dem Hund – hier sind Kreativität und Fantasie gefragt. Ziel ist es, zusammen mit dem Hund eine Choreografie einzustudieren, die auf möglichst perfekter Fußarbeit basiert. Großartige Tricks und Musik untermalen die Darbietung.

THS: Diese Abkürzung steht für Tunierhundesport. Im Grunde genommen handelt es sich hierbei um Leichtathletik mit Hund. Dabei stellen Hund und Halter mit verschiedenen Aufgaben ihre Sportlichkeit unter Beweis: angefangen mit Gehorsam/Unterordnung über einen Hindernislauf bis hin zur Bewältigung von Slalom und Hürden. Eine echte Herausforderung, die Zwei- und Vierbeiner gleichermaßen fordert und jede Menge Spaß bringt.

Rettungshundearbeit/Mantrailing: Das Ziel des Teams aus Mensch und Hund besteht darin, mithilfe eines Geruchsgegenstands eine bestimmte Person auf einem Gelände oder in Gebäuden zu finden. Rettungshundearbeit erfolgt meist freilaufend, während der Hund beim Mantrailing an einer langen Leine geführt wird.

Zughundesport: Dieser Begriff fasst verschiedene Sportarten zusammen, bei denen ein Hund beispielsweise einen Wagen, Tretroller oder einen Menschen zieht.

Canicross: Ein Geländelauf beziehungsweise ein Parcours, bei dem Mensch und Hund als Team eine vorgegebene Strecke bewältigen müssen. Dies kann eine Strecke im Wald, eine hügelige Landschaft, ein normaler Wanderweg oder ein matschiger Pfad sein.

Crossdogging: Eine abwechslungsreiche Sportart für Mensch und Hund, bei der wie in einem Zirkeltraining verschiedene Aufgaben als Team gelöst werden müssen.

Apportieren/Dummytraining: Hierbei bringt der Hund einen abgelegten oder versteckten Gegenstand nach der Freigabe des Menschen und gibt diesen dann direkt in dessen Hand.

Longieren: Eine Beschäftigung, bei der der Hund sich am äußeren Rand eines großen abgesteckten Kreises bewegt und dort die Kommandos des Menschen ausführt. Der Halter steht dabei im Zentrum des Kreises und delegiert den Hund nur per Handzeichen.

Geruchsunterscheidung: Hier soll der Hund einen bestimmten Duft unter vielen Gerüchen finden. Der Duft wird vom Menschen festgelegt, und es kann sich beispielsweise um Tee, Nüsse oder Bargeld handeln.

Überwiegend physische Auslastung	Überwiegend psychische Auslastung	Kombination aus physischer und psychischer Auslastung
Frisbee Canicross Flyball Zughundesport	Trickdog Obedience Objektsuche Geruchsunterscheidung Fährtenarbeit Dog Dance	Agility/Hoopers Curving Crossdogging Longieren Hütearbeit/Treibball Rettungshundearbeit/Mantrailing Apportieren Turnierhundesport Hütearbeit/Treibball

Das Spiel zwischen Mensch und Hund

Beim reinen Spiel zwischen Mensch und Hund geht es nicht darum, eine gemeinsame Aufgabe zu erledigen oder etwas zu lernen. Zwar kann man ein Spiel mit dem Hund auch als Belohnung einsetzen, jedoch geht es dabei nicht um das Ergebnis. Hier dürfen Sie noch einmal Kind sein, es geht einfach um das Spiel selbst.

Warum spielen Hunde?

Wenn wir Hunde beim Spiel beobachten, sehen wir häufig, wie viel Freude es ihnen bereitet. Zwar spielen nicht alle Hunde gerne, jedoch ist das Sozialspiel unter Hunden insgesamt sehr beliebt.

Das Spiel zwischen zwei Lebewesen ist beziehungsfördernd

Neben dem Spaß an der Sache selbst (Spiel ist selbstbelohnend), hat das Spiel auch biologische Funktionen: nämlich physische, psychische und soziale Fähigkeiten zu trainieren.

Soziale Fähigkeiten beschreiben den Umgang mit Artgenossen. Hier wird unter anderem die Beißhemmung gelernt. Also wie fest man zubeißen darf, ohne dass dem Gegenüber Schmerzen zugefügt werden. Mit sozialen Fähigkeiten sind aber auch die allgemeinen körperlichen Bewegungen, wie einen anderen Hund anrempeln oder das Körpergewicht auf ihn verlagern, gemeint. Dabei lernen Hunde ebenfalls die Grenzen des jeweils anderen kennen, und zwar auf eine sehr natürliche Art und Weise. Rempeln oder beißen sie zu doll, wird das in der Regel durch eine kurze Lautäußerung des anderen Hundes mitgeteilt, bevor dieser dann zurückschnappt. Darüber hinaus sammeln sie Informationen über Kraft, Geschwindigkeit und Koordinationsfähigkeit des anderen. Es können auch Konflikte und Streitereien im spielerischen Kontext ohne wirklichen Ernstbezug geübt werden. Durch ein direktes soziales Feedback werden auch individuelle Grenzen kommuniziert.

Physische Fähigkeiten werden durch das Training von Muskulatur und Ausdauer gefördert. Auch Koordination und Bewegungsabläufe sollten unbedingt trainiert werden. Zwar gibt es im Spiel keine ernsten Kämpfe, jedoch sind die Bewegungsabläufe die gleichen. Genauso ist es bei einem Renn- und Jagdspiel. Hier unterscheiden sich die Bewegungsabläufe zwischen zwei Hunden auch nicht wesentlich von denen, die für die echte Jagd einer Beute, etwa eines Hasen, genutzt werden.

Psychische Fähigkeiten sind eng an soziale Fähigkeiten angegliedert. Hunde lernen hier, individuell auf ihr Gegenüber einzugehen und andere Artgenossen besser einschätzen zu können. Auch ihr Verhalten muss dann individuell auf das jeweilige Gegenüber abgestimmt sein, was die Flexibilität fördert. Zudem lernen sie mit eventuellen Problemen umzugehen und kreative Lösungen zu finden.

Spielen für die Beziehung

Neben den oben beschriebenen ursprünglichen Funktionen dient Spiel aber insbesondere dem Bindungs- und Beziehungsaufbau.

Während des Spiels – hier ist egal, ob es sich um ein Spiel zwischen zwei Hunden oder ein Spiel zwischen Mensch und Hund handelt – werden die Neurotransmitter Dopamin, Noradrenalin und Oxytocin ausgeschüttet. Diese sind an Freude und Glücksgefühlen, sowie am Bindungsaufbau zwischen Sozialpartnern beteiligt. Somit ist auch auf biologischer Ebene belegt, dass Spiel hochgradig selbstbelohnend für Hunde und Menschen ist und daher nicht zusätzlich belohnt werden muss. Futter hat hier nichts zu suchen und lenkt eher von der sozialen Interaktion ab!

Darüber hinaus scheint Spiel auch eine stressreduzierende Wirkung zu haben. So wurde nachgewiesen, dass spielende Hunde weniger Cortisol (negatives Stresshormon) produzierten als ihre nicht spielenden Artgenossen.

Ohne Regeln geht es nicht

Bevor wir anfangen, mit unseren Hunden zu spielen, braucht es Spielregeln. Wir sollten uns also über ein paar grundlegende Eigenschaften des Spiels im Klaren sein.

Überschreiten von Grenzen:

Während des Spiels dürfen Grenzen überschritten werden. Beim Sozialspiel zwischen Hund und Hund, aber auch zwischen Mensch und Hund sind Verhaltensweisen erlaubt, die sonst nicht gestattet sind. Das Spiel bietet hierfür einen geschützten Raum. Der Hund darf dabei den Menschen auch einmal anrempeln, spielerisch nach ihm schnappen, anspringen, festhalten, gehemmt und spielerisch beißen und all die Dinge, die Hunde auch untereinander tun. Im Alltag wollen wir natürlich nicht, dass uns unser Hund einfach anspringt oder nach uns schnappt. Hier muss klar unterschieden werden, wann es sich um ein Spiel handelt und wann nicht. Ganz wichtig: das Spiel

Bereits im Welpenalter lernen Hunde im Spiel Regeln und Grenzen im sozialen Miteinander kennen

wird in der Regel durch den Menschen eröffnet und auch wieder beendet.

Achten Sie dennoch beim Spiel darauf, ob Ihre Grenzen überschritten werden. Sollte ein Hund zu sehr aufdrehen, zu rüpelhaft sein, Sie zu stark bedrängen oder zu fest beißen, kommunizieren Sie Ihre Grenze: »Das war zu doll, so nicht.« Das tun Sie entweder, indem Sie das Spiel abbrechen und von Ihrer Seite aus beenden oder aber den Hund kurz festhalten, bis er sich beruhigt hat. Auch das Imitieren des Abschnappens, wie es ein anderer Hund machen würde, ist eine Möglichkeit. Dazu schließen Sie einfach Ihre geöffnete Hand und berühren damit leicht die Schnauze des Hundes, sodass es einem Abschnappen unter Hunden gleichkommt.

Hören Sie zusätzlich auf Ihr Gefühl, was das Sozialspiel angeht. Alles sollte friedlich, entspannt und locker ablaufen. Haben Sie den Eindruck, dass es sich nicht mehr um ein gesundes Spiel handelt, brechen Sie es ab.

Aggression im Spiel:
Eine Sache, die häufig missverstanden wird, ist das Spielknurren. Viele Hunde knurren beim Raufen und beim Spielen. Mein Hund Louis hört sich an wie ein kaputter Auspuff, wenn ich mit ihm spiele. Das kann für Laien erschreckend wirken. Dennoch befinden wir uns zu jeder Zeit in einem spielerischen Kontext, und das Knurren hat keinen Ernstbezug.

Gerade wenn es sich um ein Kampfspiel handelt, wäre es ein großes kommunikatives Missverständnis, wenn Sie Ihren Hund hierfür tadeln würden. Ihr Hund öffnet sich Ihnen, geht mit Ihnen in ein Sozialspiel, zu dem auch das Knurren gehört, und Sie brechen es aufgrund des Knurrens wieder ab. So endet das Spiel, bevor es richtig begonnen hat.

Darum ist es wichtig, ein Spielknurren von einem drohenden Knurren des Hundes unterscheiden zu können. Achten Sie hier unbedingt auf die Körpersprache und den Gesamtkontext. Ist Ihr Hund entspannt und locker in den Bewegungen, übertreibt er in seinem Ausdruck, greift er Sie spielerisch an und knurrt dabei? Das sind alles Hinweise darauf, dass das Knurren dem Spielknurren zuzuordnen ist. Ist der Hund unentspannt, wird im Körper steif, zeigt er Zähne beim Knurren, ist der Blick fixierend gerichtet und erkennen Sie eine gewisse Ernsthaftigkeit? Dann handelt es sich eher nicht mehr um ein Spielknurren. Hier fehlt dann aber auch die Entspanntheit und Lockerheit, die kennzeichnend sind für ein Spiel.

Sie müssen erkennen können, wann eine Situation kein Spiel mehr ist. In einem solchen Fall ist das Knurren eines Hundes ein Warnsignal und sollte von uns Menschen durchaus ernst genommen werden.

Übertriebene Mimik:
Eine Spielsituation kann man unter anderem daran erkennen, dass ein Hund in seiner Mimik deutlich übertreibt. Dies bedeutet, dass etwa der Fang bei einem Kampfspiel besonders weit geöffnet ist und alle Zähne gezeigt werden, die Augen weit geöffnet sind oder aber, dass die Hunde bei einem Rennspiel besonders schlaksige oder hüpfende Bewegungen machen. Der Körper wirkt eher gummihaft und locker als angespannt.

Hieran ist deutlich zu erkennen, dass der Ernstbezug fehlt. Im Ernstfall wären alle übertriebenen und unnötigen Bewegungen Energieverschwendung, was biologisch keinen Sinn ergeben würde.

Kombination von Verhalten aus unterschiedlichen Funktionskreisen:

Biologisch ordnet man alle Verhaltensweisen des Hundes sogenannten Funktionskreisen zu. Ich möchte es bei diesem Punkt nicht zu wissenschaftlich werden lassen und nicht auf alle Punkte detailliert eingehen. Der Vollständigkeit halber möchte ich aber einen kurzen Überblick geben.

Diese Funktionskreise sind:

- stoffwechselbedingte Verhaltensweisen (etwa Jagen oder Fressen)
- Ruhe, Schlaf (bspw. Liegen, Dösen, Schlafen)
- Orientierungsverhalten (bspw. einem Geruch nachgehen)
- Schutz und Verteidigung (bspw. Verteidigungskampf)
- Sozialverhalten (bspw. Spielen)
- Reproduktionsverhalten (bspw. Besteigen)
- allgemeine Bewegungsformen (bspw. Laufen)

Während eines Spiels werden Verhaltensweisen aus allen Funktionskreisen kombiniert, ohne dass sie Ernstbezug haben. So können zwei Hunde zunächst um die Wette rennen, um sich dann spielerisch zu jagen und miteinander in ein Kampfspiel überzugehen, bevor sie einfach nebeneinander herlaufen oder ein Wettrennen machen.

Selbsthandicap:

Kennzeichnend für ein Spiel ist, dass sich Hunde freiwillig in eine sogenannte Selbsthandicap-Position begeben. Selbsthandicap kann auch als eine Geste des spielerischen sich selbst Ergebens bezeichnet werden.

Hierbei verliert ein Hund absichtlich, beispielsweise ein Kampfspiel. Dies zeigt er, indem er sich auf den Rücken oder die Seite legt und damit bewusst den Unterlegenen spielt. Dieses Verhalten kann auch der körperlich überlegenere Hund zeigen. So drehen sich etwa größere und erwachsene Hunde auf den Rücken und lassen den kleineren Spielpartner oder einen Welpen gewinnen.

Gerade Welpen freuen sich wahnsinnig darüber, dass sie spielerisch gewonnen haben, und stehen dann stolz und schwanzwedelnd über ihrem Spielpartner.

Auch wir Menschen sollten das einmal probieren. Ich lasse mich, wenn ich mit Hunden spiele, häufig einfach fallen und nehme die unterlegene Position ein.

Rollenwechsel:

Sie können ein ausgeglichenes Spiel auch daran erkennen, dass die Rollen der beiden Spielpartner gewechselt werden.

Um bei dem Beispiel Selbsthandicap zu bleiben: Hier würde ein Rollenwechsel so aussehen, dass sich jeder der beiden Hunde auch einmal in die unterlegene Position begibt und den anderen gewinnen lässt. Natürlich sollten Sie jetzt nicht anfangen zu zählen und ein exaktes 50 : 50-Verhältnis erwarten. Allerdings sollte es auch nicht so sein, dass ein Hund permanent über dem anderen steht und die Rollen immer gleich verteilt sind. Das geht oft damit einher, dass das Spiel unausgeglichen ist und ein Hund weniger Spaß an der Interaktion hat als der andere.

Bei einem Jagdspiel spielt ein Hund immer den Gejagten und läuft weg, und der andere Hund spielt den Jäger und läuft hinterher. Auch hier wäre es schön, wenn es hin und wieder zu einem Rollenwechsel der Akteure kommt. Dabei brauchen Sie ebenfalls keine Strichliste zu führen. Hunde haben auch individuelle Präferenzen. Ich selbst habe eine Hündin, die unheimlich gerne in die Rolle des Hasen schlüpft und sich fangen lässt. Das ist auch völlig o. k.

Sie sollten einfach darauf achten, dass sich beide Hunde wohlfühlen und das Spiel insgesamt ausgeglichen ist.

Hemmung:

Wie bereits beschrieben, ist in einem Spiel immer eine ausgeprägte Beißhemmung vorhanden. Keiner tut dem anderen weh, und es gibt keine Verletzungen.

Fehlende Endhandlung:

Handelt es sich um ein Spiel, dann bleiben Endhandlungen aus dem ursprünglichen Verhalten aus. Wenn Hunde jagen, würden sie normalerweise ihre Beute packen, schütteln und töten, um sie dann zu fressen. Das findet bei einem Spiel natürlich nicht statt. Wenn bei einem Jagdspiel der wegrennende Hund erreicht ist, gibt es vielleicht einen kurzen Griff seitens des Jägers in den Nacken, was so viel bedeutet wie: »Ich habe dich erwischt.« Hiermit endet das Spiel. Gut sozialisierte Hunde können einen solchen Griff in den Nacken genau von einem Ernstbezug unterscheiden.

Bei einem echten Kampf würde es einen Gewinner geben. Der unterlegene unterwirft sich oder rennt weg und verlässt die Situation. Im Spiel gibt es weder Gewinner noch Verlierer. Das Ergebnis bleibt neutral.

Ein Wort zum Schluss

Bestandteil einer artgerechten Hundehaltung ist eine Beschäftigung und Auslastung, die an das Alter, die Rasse und den individuellen Charakter sowie die Interessen des Hundes angepasst ist. Finden Sie ein gemeinsames Hobby mit Ihrem Hund, was Ihnen als Team Spaß macht und den Bedürfnissen Ihres Hundes entspricht. Nutzen Sie darüber hinaus das Sozialspiel mit Ihrem Hund. Eine genaue Anleitung dazu finden Sie im Praxisteil. Denn sowohl eine gemeinsame Beschäftigung als auch das Spiel mit Ihrem Hund wird die Beziehung zwischen Ihnen und Ihrem Hund spürbar verbessern.

Stress beim Hund – Wann wir ihn benötigen und wann er schädlich ist

Stress bei Hunden – Was ist das eigentlich?

Das Thema Stress wird unter Hundehaltern und Hundetrainern immer wieder heiß diskutiert. Von vielen Trainern wird propagiert, Stress im Training zu vermeiden, da ein gestresster Hund nicht aufnahmefähig sei und Stress zusätzlich viele negative Auswirkungen auf den Hund hätte. Dann wird strikt darauf geachtet, dass der Hund im Training keine Stresssymptome zeigt. Sobald der Hund einmal gähnt oder zu hecheln beginnt, wird das Training unterbrochen, da unter Stress kein Lernen mehr möglich sei. Doch wirkt sich zu viel Stress, und das damit einhergehende erhöhte Erregungsniveau, negativ auf das Zusammenleben und die Mensch-Hund-Beziehung aus? Dazu stellt sich zunächst die Frage, was genau »zu viel« bedeutet.

Ist dieser Hund müde oder hat er Stress? Gähnen sollte immer kontextbezogen betrachtet werden

Solche Trainingsempfehlungen sind demzufolge viel zu pauschal und biologisch nicht ganz korrekt, denn Stress kann sowohl positive als auch negative Auswirkungen haben. Um das differenzieren zu können, müssen wir tiefer in die Materie einsteigen.

Stresssignale beim Hund

Doch woran können Sie einen gestressten Hund überhaupt erkennen?

Da Hunde in ihrem Ausdrucksverhalten transparent sind, zeigen sie uns sichtbar, wenn sie Stress haben.

Häufige Stresssymptome beim Hund sind:

- starkes Hecheln und eine erhöhte Atemfrequenz
- vermehrtes Gähnen
- unruhiges Hin- und Herlaufen
- sich vermehrt Kratzen
- Fiepsen
- vermehrtes Schütteln
- angespannte Muskulatur
- beschleunigte Verdauung (Durchfallhaufen)
- Spontanschuppung (Innerhalb kürzester Zeit ist das Fell voller Schuppen, welche gleichzeitig vom Körper abgestoßen wurden.)
- vermehrtes Speicheln
- »Grinsen« (Lefzen werden nach hinten oben gezogen, sodass es aussieht, als würde ein Hund grinsen.)
- auffälliges wiederkehrendes Bellen

Juckt es, oder hat dieser Hund Stress?

- **vermehrtes Lecken an Gegenständen oder am eigenen Körper**
- **verstärktes Herumnagen an den eigenen Pfoten**

Bitte berücksichtigen Sie bei allen zuvor genannten Symptomen immer die Gesamtsituation und den Kontext, in dem der Hund die Verhaltensweisen zeigt.

Ein Hund, der hechelt, kann dies auch einfach nur tun, weil es ein warmer Sommertag ist und ein großer Teil der Thermoregulation bei Hunden über das Hecheln abläuft. Denn Hunde können nicht schwitzen wie wir Menschen.

Wenn ein Hund am Abend auf dem Sofa liegt und gähnt, tut er das mit großer Wahrscheinlichkeit, weil er müde ist. Nicht mehr und nicht weniger. Achten Sie also immer darauf, ob ein Symptom zu einer eventuellen Stresssituation passt.

Dennoch sollten Sie achtsam mit Ihrem Hund umgehen. Liegt Ihr Hund am Abend in seinem Körbchen, hechelt ununterbrochen und hat eine hohe Atemfrequenz, obwohl er sonst völlig entspannt dort liegt, sollten Sie einmal mehr nach ihm schauen. Sofern es nicht besonders warm ist, kann es sein, dass Ihr Hund Stress empfindet, den er normalerweise nicht hat. Vielleicht hat er ein neues Futter nicht vertragen und muss mal vor die Tür? Oder der Wassernapf ist leer, und Sie haben es nicht bemerkt? Ihr Hund hat also Durst?

Beobachten Sie Ihren Hund und überlegen Sie, was sein Problem sein könnte.

Es gilt, einerseits achtsam zu sein und Stresssymptome ernst zu nehmen, andererseits aber nicht zu übertreiben und auch immer den Kontext mit zu berücksichtigen. Je besser Sie Ihren Hund kennen, desto besser können Sie ihn auch einschätzen.

Grundsätzlich ist Stress eine körperliche Reaktion auf internale oder externale Reize, also Reize, die von innen oder außen kommen. Internale stressauslösende Reize können Schmerzen oder auch eine organische Erkrankung sein. Ein externaler Reiz wäre das plötzliche Auftauchen des Erzfeindes oder die läufige Hündin vom Nachbarn. Stressauslösende Reize können sowohl positiv als auch negativ sein. Taucht ein Feind auf oder hat ein Hund Schmerzen, ist der Reiz als negativ zu bewerten. Taucht aber der Hundehalter mit dem Lieblingsspielzeug auf, welches der Hund als Motivationsobjekt für eine hundesportliche Betätigung kennt, können wir diesen externen Reiz erst einmal als grundsätzlich positiv für den Hund werten.

Stress kann also sowohl durch angenehme als auch durch unangenehme Reize ausgelöst werden.

Was passiert im Körper, wenn wir Stress haben?

Durch diese Reize, egal, ob positiv oder negativ, wird eine körperliche Reaktion ausgelöst, deren Ziel es ist, Energie für die Bewältigung einer Herausforderung zur Verfügung zu stellen.

Diese körperliche Reaktion können wir in mehrere, gleichzeitig ablaufende Phasen unterteilen. Sie werden vom autonomen Nervensystem gesteuert. Dabei spielen der Sympathikus (Erregung) und der Parasympathikus (Entspannung) eine wesentliche Rolle. Während der Sympathikus den Organismus auf eine Aktivitätssteigerung einstellt, überwiegt der Parasympathikus in Ruhe- und Regenerationsphasen. Sie agieren meist als Gegenspieler – ist der Sympathikus aktiv, hemmt er gleichzeitig den Parasympathikus und umgekehrt.

Ist der Sympathikus aktiv, veranlasst dieser die Nebennierenmarkzellen dazu, Adrenalin und Noradrenalin in die Blutbahn auszuschütten, das dann im Körper verteilt wird.

Dadurch steigt der Blutdruck, der Herzschlag beschleunigt sich, und die Bronchien werden zwecks verbesserter Sauerstoffaufnahme erweitert. Die Durchblutung der Skelettmuskulatur steigt durch eine Erweiterung der Blutgefäße an, und die Hautkapillaren verengen sich, wodurch die periphere Durchblutung vermindert wird. Zudem wird Glykogen in der Leber abgebaut, um Energie bereitzustellen. Gleichzeitig nimmt die Gerinnungsfähigkeit des Bluts zu und die Blutversorgung des Magen-Darm-Trakts ab.

All die beschriebenen körperlichen Veränderungen haben einen Zweck: den Körper in maximale

Auch der Mensch kann seinem Hund dabei helfen, sich zu entspannen. Insbesondere ruhige Berührungen und Massagen fördern parasympathische Aktivität

Leistungsfähigkeit zu versetzen. Ursprünglich wurde dies auch als sogenannte Kampf-oder-Flucht-Reaktion beschrieben. Treffen wir oder unser Hund in freier Wildbahn auf einen Bären, laufen automatisch die oben beschriebenen Mechanismen ab. Dadurch wären wir bei einem Kampf oder einer Flucht leistungsfähiger. So führt die höhere Sauerstoffaufnahme in den Bronchien, eine hohe Herzfrequenz und eine stärker durchblutete Skelettmuskulatur dazu, dass wir uns schneller bewegen können, sowohl beim Weglaufen als auch beim Kampf gegen einen Gegner. Die Verminderung der peripheren Durchblutung sorgt dafür, dass im Falle einer offenen Verletzung weniger Blut austritt. Eine erhöhte Blutgerinnungsfähigkeit führt zu einem schnelleren Verschluss von offenen Wunden.

Auch der zweite Teil der Stressreaktion wird in Gang gesetzt. Hier kommunizieren bestimmte Gehirnareale (Hypothalamus und Hypophyse) über chemische Botenstoffe mit der Nebennierenrinde, und regen dort die Ausschüttung der Stresshormone Cortisol und Cortison an, was wiederum zu mehr Leistungsfähigkeit führt.

Akuter versus chronischer Stress

Akuter Stress ist eine Anpassungsreaktion des Organismus, um eine Herausforderung zu bewältigen, und stellt Energie zur Verfügung. Für die hohe Konzentration, Reaktionsfreudigkeit und Muskelspannung, die benötigt werden, um bei Wettbewerben die vorderen Plätze zu belegen, ist ein erhöhtes Erregungsniveau und damit auch eine erhöhte Energiebereitstellung erforderlich. Sowohl beim Hund als auch beim Menschen. Akuter Stress ist daher keineswegs grundsätzlich eine Belastung, die schädigt!

Beim Hundesport ist ein erhöhtes Erregungsniveau, und damit auch eine höhere Energiebereitstellung erforderlich

Anders verhält es sich mit chronischem Stress. Langanhaltender und chronischer Stress hat eine enorm negative Auswirkung auf den gesamten Organismus. Die durch eine chronische Überaktivität der Hypothalamus-Hypophysen-Nebennieren-Achse begründete übermäßige Ausschüttung von Cortisol führt zu einer hohen Belastung des Zentralnervensystems und beeinflusst Verhalten, Lern- und Gedächtnisprozesse negativ!

So ist es auch bei uns Menschen. Wenn wir ein wichtiges Gespräch haben oder einen Vortrag halten müssen, steigt unser Stresslevel kurzzeitig. Gleiches gilt bei sportlichen Herausforderungen, wie dem Erklimmen einer Kletterwand. Diese Art von Stress ist auch für uns Menschen positiv, sofern im Anschluss wieder genug Zeit für Ruhe und Entspannung vorhanden ist.

Haben wir jedoch über Wochen und Monate hochgradig andauernden Stress, vielleicht durch berufliche oder private Projekte, ist es nicht überraschend, dass dieser auch uns Menschen schädigt. Die häufigsten Folgen sind Herz-Kreislauf- und psychische Erkrankungen.

Auch für unsere Hunde ist ein kurzzeitig erhöhtes Stresslevel kein Problem, etwa bei einem Hundesportturnier oder aber weil ein Rangordnungskonflikt mit einem anderen Hund ausgetragen wird. Sind unsere Hunde jedoch über eine längere Zeit hinweg Stressoren ausgesetzt, die sie nicht bewältigen können, wie ein monatelanger Tierheimaufenthalt, hat dieser dauerhafte, chronische Stress ebenso negative Auswirkungen auf unsere vierbeinigen Freunde wie auf uns Menschen. Dieser kann auch bei unbehandelter Trennungsangst beim Hund entstehen oder bei Hunden, die keine Impulskontrolle und Frustrationstoleranz gelernt haben und völlig unbegrenzt jedem Reiz hinterhergehen. Das ist oft dann der Fall, wenn Hunde nicht von ihrem Menschen geführt werden und sich für Dinge verantwortlich fühlen, die eigentlich der Mensch regeln sollte.

Die Gründe und Ursachen, warum Hunde Stress empfinden, sind sehr verschieden. Sie kennen Ihren Hund am besten. Beobachten Sie ihn im Alltag, und wenn Sie das Gefühl haben, er fühlt sich mit einer Situation dauerhaft unwohl und empfindet Stress, dann versuchen Sie – im Zweifel mit der Hilfe eines erfahrenen Hundetrainers –, Ihrem Hund aus dieser Situation zu helfen, um das Stresslevel dauerhaft in einem gesunden Rahmen zu halten.

Eustress und Disstress

Als Eustress bezeichnet man einen Stressor, der von einem Individuum als Herausforderung angesehen wird, der jedoch unter Anstrengung noch bewältigt werden kann.

Schafft es ein Hund, eine neue Aufgabe zu bewältigen, steigt in der Regel zukünftig die Motivation für ähnliche Herausforderungen.

Ein Hund, der ein neues Hindernis auf einem Übungsplatz überwinden soll, grundsätzlich aber Spaß an der Arbeit hat, wird diesen Stress als eher positiv wahrnehmen.

Anders verhält es sich bei dem sogenannten Disstress, auch als negativer Stress bekannt. Er entsteht dann, wenn die Stressoren negativer Natur sind. Etwa, wenn ein Hund getreten oder geschlagen wird oder von einem Hundefänger geschnappt worden ist. Disstress kann aber auch dann entstehen, wenn eine Herausforderung zu hoch ist und vom Hund einfach nicht bewältigt werden kann. Zum Beispiel, wenn der Hundehalter von einem Hund Dinge erwartet, die er nicht verstanden oder gelernt hat, und dann wütend auf ihn wird. Die damit verbundene ständige Erfahrung von Misserfolg hat äußerst negative Auswirkungen auf unsere Hunde. Sämtliche Reize, die mit Schmerzen und Leid zu tun haben oder aber als Bedrohung empfunden werden, dazu kann unter Umständen auch ein Tierarztbesuch gehören, können dem Disstress zugeordnet werden.

Disstress ist negativ für unsere Hunde. Allerdings können wir nicht jede Form von Disstress verhindern. Es ist selbstverständlich, dass wir versuchen, unseren Hunden Leid und Schmerzen zu ersparen. Einige Dinge, wie ein Tierarztbesuch, lassen sich aber nicht vermeiden. Genauso ist es auch beim Thema Angst. Viele Hunde entwickeln Ängste gegenüber Dingen, die aber zum alltäglichen Leben dazugehören. Hier ist es leider unumgänglich, dass wir unseren Hunden kurzfristig ein gewisses Maß an Disstress zumuten, um langfristig das Stresssystem zu desensibilisieren und damit zu einer erhöhten Lebensqualität der Hunde beizutragen.

Stress und Training

Mit einem gestressten Hund ist ein Training unmöglich, weil der Hund unter solchen Umständen nichts lernen kann? Nein, Gegenteiliges ist der Fall. Ein gewisses Maß an Stress ist sogar äußerst positiv für das Training mit dem Hund.

Der schmale Grat zwischen Über- und Unterforderung

Die durch den Stress bereitgestellte Energie führt letztlich auch zu einer erhöhten Aufmerksamkeit des Hundes. In dieser Erregungslage erlernte Dinge können besonders gut abgespeichert werden. Allerdings funktioniert das nur bis zu einem gewissen Stresslevel, welches je nach individuellem Charakter ganz unterschiedlich sein kann.

Überschreitet man dieses Level, ist Lernen und Training tatsächlich noch möglich, jedoch nicht mehr positiv, sondern für den Hund äußerst negativ behaftet. Ein Beispiel für solch negative Lernerfahrungen sind etwa tiefsitzende Traumata, wenn ein Hund misshandelt wurde. Der Hund lernt in diesem Moment auch etwas, nämlich Angst vor dem Menschen zu haben.

Die amerikanischen Psychologen Robert Yerkes und John D. Dodson entdeckten dieses Phänomen zunächst im Rahmen der Forschung an Labormäusen und beschrieben es als Yerkes-Dodson-Gesetz. Später konnten selbige Zusammenhänge auch bei anderen Spezies bestätigt werden.

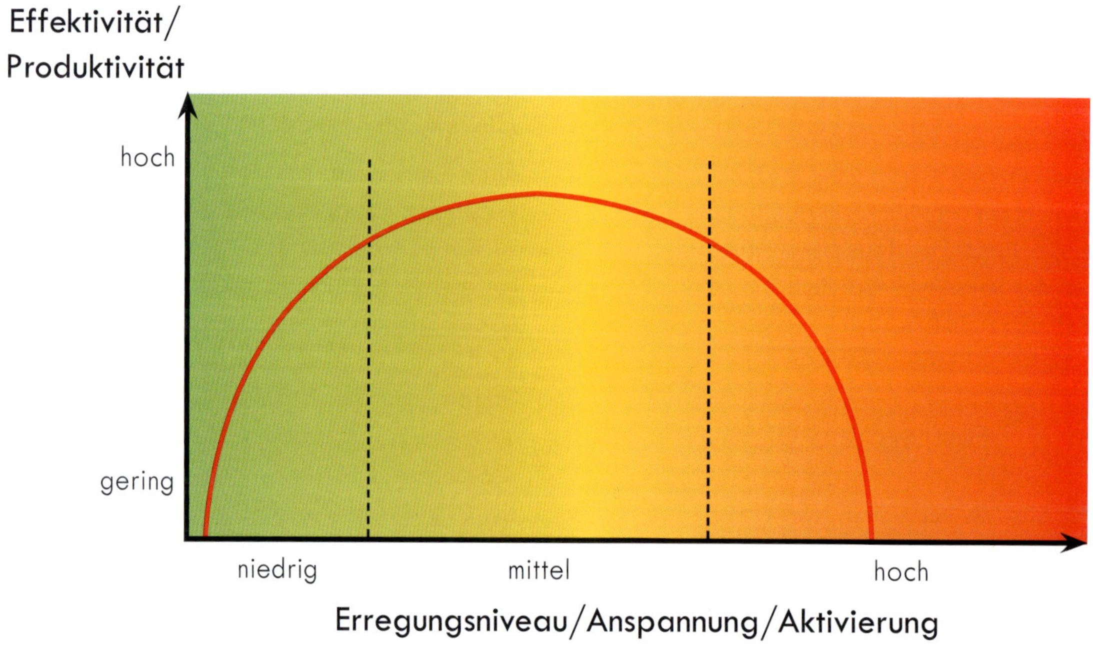

Bei zu geringer Aktivierung/Erregung ist die Leistungsfähigkeit gering. Der Hund ist in der Regel unterfordert, und Langeweile und Frustration sind typische Begleiterscheinungen.

Nimmt die Anspannung/Erregung zu, bereitet sich der Organismus auf eine Herausforderung vor und stellt Energie zur Verfügung. Die Leistungsfähigkeit steigt und damit auch die Problemlöse- und Lernfähigkeit. Wird ein gewisser Punkt jedoch überschritten, sinkt die Leistungskurve wieder ab. Das Stressniveau übersteigt die Leistungsfähigkeit des Organismus. Hyperaktivität, impulsive Handlungen sowie Angst und Panik können die Folgen sein.

Auf neurobiologischer Ebene können wir das Stress-/Leistungsmodell von Yerkes und Dodson ebenfalls nachvollziehen. Wird bei einem Hund eine Stressreaktion, beispielsweise durch einen angstauslösenden Reiz, in Gang gesetzt, beeinflusst dies auch die Ausschüttung von Neurotransmittern.

Die Hormone und Neurotransmitter Serotonin, Adrenalin und Noradrenalin sind hier beteiligt und nehmen unterschiedliche Rollen ein. Adrenalin löst das Gefühl von Angst und Unruhe aus. Noradrenalin ist an aktivem, schnellem Handeln beteiligt. Dieses wird verstärkt in Stress- und Gefahrensituationen ausgeschüttet. Dadurch verschiebt sich das Verhältnis von Noradrenalin zu Serotonin. Noradrenalin gewinnt die Überhand.

Da Noradrenalin für die Kontrolle des Stammhirns zuständig ist, wird dieses stärker aktiviert. Das Stammhirn ist unter anderem für Bewegungen und schnelle Reaktionen zuständig, während hingegen das Großhirn serotoningesteuert ist und im Zusammenhang mit planbaren Handlungen und Denken steht. Als Folge der übermäßigen Ausschüttung von Noradrenalin kann auf einen Reiz besonders schnell reagiert werden. Die Reaktionen sind dann aber besonders unüberlegt und impulsiv. Denken spielt keine große Rolle mehr. Von planbarem Lernen kann hier nicht die Rede sein. Zwar findet Lernen immer noch statt, allerdings eher das negative, hochemotionale Lernen, welches nicht selten zu Ängsten in zukünftigen Situationen führt.

Wie so oft – die Menge machts

Wir können also festhalten, dass sich ein gewisses Maß an Stress positiv auf das Hundetraining und bestimmte Lernerfahrungen auswirkt, jedoch bestimmte Schwellen nicht überschritten werden sollten. Diese Schwellen sind von Hund zu Hund verschieden.

Achten Sie im Training also unbedingt darauf, dass Situationen für Ihren Hund eine Herausforderung darstellen und aktivierend sind, allerdings nicht unüberwindbar. Darum ist es so wichtig, das Training in kleinen Schritten aufzubauen und neue Aufgaben an den Trainingsstand des Hundes anzupassen. Durch die Erfolgserlebnisse, die der Hund im Training erlebt, entwickelt sich eine generell hohe Lernmotivation und Freude an der gemeinsamen Arbeit und dem Training mit dem Menschen. Und genau das ist es doch, was wir erreichen wollen, oder?

Einen Hund, der freudig zu uns kommt und hoch motiviert ist, mit uns zusammenzuarbeiten und neue Dinge zu entdecken und zu lernen.

Stress durch Leckerlis, Ball- oder Beutespiel

Das Yerkes-Dodson-Leistungsmodell gilt auch in Bezug auf Motivationsobjekte.

Lässt sich ein Hund etwa nicht gut über Futter motivieren, erreichen Sie das vielleicht mit einem Beutespiel. Schaffen Sie es dadurch, den Hund in

Gerade Beutespiele stehen bei Hunden hoch im Kurs. Der gezielte Einsatz und die Kontrolle der Erregung sind jedoch eine große Herausforderung

einen positiven Leistungsbereich zu bringen, spricht nichts dagegen.

Auch die Steigerung von Futter hin zu Beute ist im Hundesport Standard. Hier werden zunächst Bewegungsabläufe mit Futter trainiert, welches dann gegen ein Spielzeug oder ein anderes höherwertiges Motivationsobjekt ersetzt wird. Die damit einhergehende Steigerung der Erregung kann Fluch und Segen zugleich sein. Zwar kann sie zu höheren Leistungen führen, bringt jedoch auch gewisse Herausforderungen mit sich.

Steigt die Erregung zu stark an, fangen Hunde oft an, Fehler zu machen, ungeduldig zu werden oder auf ein zu hohes Stressniveau zu geraten, was oft von Bellen oder Winseln begleitet wird.

Hier gilt es einen Schritt zurückzugehen und die Belohnung wieder umzustellen. Alternativ muss der Hund in seinem Verhalten korrigiert werden. Dies wird schwieriger, je höher die Erregungslage ist. Dieses Spiel zwischen Motivation und adäquater Erregung ist eine Gratwanderung und erfordert Fingerspitzengefühl seitens des Hundehalters.

Bitte seien Sie diesbezüglich achtsam beim Training mit Ihrem Hund.

Stress im Zusammenhang mit Korrekturen des Menschen

Eine weitere Frage die wir uns stellen müssen, ist die, ob ein Hund Stress hat, wenn er von einem Menschen korrigiert wird und ob wir das guten Gewissens verantworten können?

Es ist sehr wahrscheinlich, dass das Erregungsniveau (Stressniveau) bei einem Hund steigt, wenn er von einem Menschen korrigiert wird. Beispielsweise dadurch, dass dieser den Hund immer wieder in das Platzkommando bringt, wenn der Hund es selbstständig auflöst. Oder wenn der Mensch den Hund körpersprachlich einschränkt und in seiner Bewegung bremst, weil dieser gerade einen Radfahrer anspringen möchte.

Was wir aber nicht vergessen dürfen, ist, dass das Erregungsniveau des Menschen in solchen Situationen meist ebenfalls ansteigt. Es ist nun mal ein Unterschied, ob ich gerade auf dem Sofa liege und lese oder aber mit großen Schritten zu meinem Hund renne, um ihn von einer Handlung abzuhalten.

Das erhöhte Stresslevel ist hier bis zu einem gewissen Grad normal. Darüber hinaus befinden wir uns in einer sozialen Interaktion mit unseren Hunden. Möchte der Hund den Fahrradfahrer gerne vom Fahrrad holen und Sie haben dazu aber eine andere Meinung, bleibt Ihnen nichts anderes übrig, als in einen Konflikt mit Ihrem Hund zu gehen.

Konflikte gehören dazu

Denken Sie einmal an eine aufregende Diskussion, die Sie mit Ihren Freunden, Ihrem Partner oder Chef hatten. Sicherlich kennen Sie das Gefühl der körperlichen Erregung, welches damit einhergehen kann. Ist es deshalb schlecht oder sollten Sie, um kurzzeitig unangenehme Gefühle zu vermeiden, in Zukunft solchen Diskussionen ausweichen? Keinesfalls! Diskussionen sind manchmal nötig und können bereinigende Wirkung haben. Für jede Beziehung, egal, ob wir über Mensch-Mensch- oder aber Mensch-Hund-Beziehungen reden, sind solche Gespräche enorm wichtig. Probleme, die wir hier unter den Teppich kehren, wachsen erfahrungsgemäß und kommen zu einem anderen Zeitpunkt in wesentlich stärkerer Form zurück.

Das etwas erhöhte Erregungsniveau während Konflikten fördert die Aufmerksamkeit bei Mensch und Hund ebenso, wie es die Lernfähigkeit verbessert. Lernerfahrungen können zudem besser abgespeichert werden. Diese »Nebenwirkungen« haben aus psychologischer und lerntheoretischer Sicht also durchaus etwas Gutes, solange ein gewisses Maß nicht überschritten wird.

Zahlreiche Missverständnisse in diesem Zusammenhang entstehen aber auch durch eine falsche Interpretation des Ausdrucksverhaltens unserer Hunde.

Korrigiere ich einen Hund beispielsweise dadurch, dass ich ihn körpersprachlich einschränke und mir Raum nehme, zeigt ein Hund idealerweise als Feedback eine passive Demutsgeste gegenüber dem Menschen. Das kann dadurch erfolgen, dass er den Kopf niedriger trägt, ihn zur Seite wegdreht, die Rute nach unten nimmt und sich kleiner macht. Vielleicht sind auch die Ohren nach hinten angelegt, und er züngelt. Daraufhin dreht ein kompetenter Hundehalter sich aus dem Hund heraus und öffnet seine Körperhaltung wieder.

Genau hier liegt eines der häufigsten Missverständnisse. Die passive Demutsgeste wird mit der Emotion Angst oder Verunsicherung beim Hund in Verbindung gebracht.

Im Kapitel »Grundlagen hündischen Ausdrucksverhaltens« sind wir bereits darauf eingegangen, dass eine passive Demut nichts mit Angst oder Unsicherheit zu tun hat. Es ist eine typische kommunikative Geste von Hunden. Dieser reagiert damit auf die Einschränkung eines anderen. Der Hund fühlt sich weder bedroht, noch verliert er das Vertrauen in seinen Menschen. Die passive Demut ist eine Geste, die die Akzeptanz einer Einschränkung symbolisiert.

Und genau das benötigen wir in der Kommunikation mit unserem Hund. Wenn wir ihm einmal etwas verbieten und ihn einschränken müssen, damit etwa der eben erwähnte Fahrradfahrer in Frieden weiterfahren kann, ohne im Graben zu landen, dann muss der Hund diese Einschränkung akzeptieren. Tut er das, wird er es uns durch seine Demutsgesten zeigen. Das ist sein kommunikativer Ausdruck dafür. Er kann auch nichts dafür, dass viele Menschen das so schlecht verstehen.

Eine intakte und vertraute Mensch-Hund-Beziehung nimmt dadurch keinen Schaden. Es ist vielmehr so, dass die direkte Kommunikation und der Austausch zwischen Mensch und Hund eine Beziehung festigt.

Angst und passive Demut unterscheiden lernen

Zwar kann der Ausdruck der Demut in Angst übergehen und weist gewisse Parallelen im Ausdrucksverhalten zur Angst auf, kann jedoch mit etwas Übung leicht unterschieden werden.

Angst und Demut – einige Ausdruckselemente überschneiden sich, daher ist es für manch einen schwierig, das Verhalten richtig einzuschätzen

Während bei der passiven Demutsgeste alles hochritualisiert, locker und entspannt abläuft, zeigt ein wirklich verängstigter Hund dies durch seine hohe körperliche Anspannung. Dies kann sich steigern bis hin zu einer zitternden Muskulatur, geweiteten Pupillen und einem besorgten Gesichtsausdruck.

Schauen Sie einmal in die Online-Videos der Doguniversity, wenn Sie zu diesem Thema mehr lernen möchten.

Auch hier gibt es zahlreiche Videolektionen zum Ausdrucksverhalten der Hunde und wie diese auf Einschränkungen von Menschen reagieren. Unsere Teilnehmer haben dadurch schnell gelernt, ihren Hund besser verstehen und lesen zu können, was die Beziehung zum Hund enorm verbessert hat.

Ein gewisses Maß an Stress ist also auch bei Korrekturen durch den Menschen oder in sozialen Auseinandersetzungen normal und hat keine negativen Auswirkungen. Dieses Maß sollte jedoch nicht überschritten werden. Genauso muss jede Form der Korrektur verständlich für den Hund sein, und er muss die Möglichkeit haben, darauf zu reagieren und sein Verhalten anzupassen.

Der schnelle Wechsel zu freundlichem, motivierendem und damit belohnendem Verhalten, sobald der Hund uns Akzeptanz symbolisiert hat, ist genauso unabdingbar und darf in der Kommunikation mit unserem Hund nicht fehlen.

Stress im Alltag

Es gibt immer mehr Hunde, die in alltäglichen Situationen gestresst sind. Dieser Stress kann durch negative Dinge wie die Angst vor einem Gegenstand wie einer Mülltonne oder durch eine bestimmte Situation wie einer Hundebegegnung, ausgelöst werden. Aber auch durch positive Dinge wie Futter oder ein Spielzeug.

In der Individualentwicklung unserer Hunde ist es wichtig, dass das Stresssystem die Möglichkeit hat, sich anzupassen, sodass in der Folge unsere Hunde immer weniger Stress erleben müssen. Doch wie kann das gelingen?

Durch klare Führung zu weniger Stress im Alltag

Gerade in Bezug auf Stress, ausgelöst durch positive Dinge, wie Futter oder Spielzeug, ist es wichtig, dass der Hundeführer dem Hund durch eine klare Führung Handlungsspielräume vorgibt.

Das heißt, Hunde müssen lernen, dass sie nicht immer alles sofort bekommen können und drauflosstürmen dürfen. Impulskontrolle und das Erlernen einer Frustrationstoleranz, idealerweise bereits im Welpenalter, sorgt für weniger Stresserleben im Alltag.

Lassen wir unseren Hund also erst einmal ruhig auf seiner Decke warten, bevor es Futter gibt, lassen ihn nicht voran durch die Haustüre stürmen und nicht immer zu Artgenossen hinlaufen, sobald diese in Sichtweite sind, trainieren wir damit unter anderem auch das Stresssystem unseres Hundes.

Hunde, die immer eine hohe Erwartungshaltung an ihre Umwelt haben und davon ausgehen, immer alles bekommen oder machen zu können, zeigen teils starke Stresssymptome, wenn diese Erwartungshaltung nicht erfüllt wird.

Hier liegt es an uns Menschen, solche Erwartungshaltungen – am besten von Beginn an – gar nicht aufkommen zu lassen. Dies gelingt, indem wir das Hundeleben mit gewissen klaren Regeln gestalten.

Die Bedeutung der Umweltgewöhnung von Welpenbeinen an

Genauso gehört die Gewöhnung an Umweltreize zur Grundausbildung eines jeden Hundes. Je mehr ein Hund kennt und an je mehr man ihn schonend im Rahmen seiner Entwicklung gewöhnt hat, desto besser und vor allem stressfreier kommt er in unserer Welt klar. Auch diese Gewöhnung erfolgt idealerweise schon im Welpenalter.

Auch die Kommunikation mit Artgenossen kann vereinzelt Stress auslösen und muss gelernt werden. Solchen moderaten Stresssituationen setzen wir auch Welpen bereits aus. Nur so können sie lernen, damit umzugehen. Die Betonung liegt hier jedoch auf »moderat«! Denn ein Zu-viel ist hier genauso schädlich wie ein Zu-wenig.

Bei Tierschutz- oder Angsthunden sehen wir manchmal, wie schwer es sein kann, sie an Dinge zu gewöhnen, die diese Hunde nicht kennen oder vor denen sie Angst haben.

Hier ist viel Geduld, gepaart mit individuell angepasstem Training, notwendig. Dieses Thema würde jedoch den Rahmen dieses Buches sprengen.

Bei der Gewöhnung an angstauslösende Umweltreize dient der Mensch als wichtige soziale Unterstützung

Hilfe gegen Stress

Sind Sie mit einem Hund konfrontiert, der übermäßigen Stress empfindet, fragen Sie sich wahrscheinlich, wie Sie Ihrem Hund helfen können. Diese Frage lässt sich pauschal schwer beantworten. Zunächst einmal gilt es zu erkunden, was Ihrem Hund Stress bereitet. Bevor Sie Ihrem Hund helfen können, sollten Sie den stressauslösenden Reiz kennen. Je nachdem worum es sich handelt, ist das Vorgehen unterschiedlich. Lösen Umweltreize Angst aus, müssen wir unseren Hunden im Rahmen einer Angsttherapie helfen, die Ängste zu überwinden. Ist ein Hund aufgrund von positiv erregenden Reizen zu sehr gestresst, ist es sinnvoll, am Erregungsniveau im Sinne von Impulskontrolle, Frustrationstoleranz, Erwartungshaltung und allgemeiner Ruhe zu arbeiten. Leidet ein Hund unter Schmerzen, welche Stress auslösen, ist es selbstverständlich, dass wir schnell mit ihm zum Tierarzt fahren und versuchen, diese zu beseitigen.

Bevor Sie langfristig am Stressniveau Ihres Hundes arbeiten, müssen Sie zunächst die Ursachen genau kennen.

Sind diese erkannt, gilt es, genau daran zu arbeiten! Alle anderen Vorgehensweisen lösen Probleme nicht wirklich an der Wurzel, stattdessen stellen sie nur eine kurzzeitige Symptombehandlung dar.

Von Allheilmittelchen und Werbeversprechen

Heutzutage werden zahlreiche Nahrungsergänzungsmittel und Zusatzstoffe beworben, die gestressten Hunden helfen sollen. Der größte Teil davon basiert ausschließlich auf Marketingversprechen, ohne aber eine wirklich signifikante Wirkung zu haben. Verlassen Sie sich nicht auf solche Werbeversprechen. Arbeiten Sie individuell und an Ihren Hund angepasst an dessen Problemen und verlassen Sie sich lieber auf sich selbst.

Denn Sie als Person sind wahrscheinlich die größte Hilfe für Ihren Hund. Eine positive Bindung zwischen Mensch und Hund vorausgesetzt, hat allein die Anwesenheit des Bindungspartners eine signifikant stressmindernde Wirkung. Über die positive und vor allem stressmindernde Wirkung des Bindungshormons Oxytocin haben Sie ja bereits in diesem Buch gelesen.

Allein die Anwesenheit des Hundehalters kann also das Stresslevel, in für den Hund schwierigen Situationen, mindern. Hat Ihr Hund Stress – warum auch immer –, hilft es ihm enorm, dass Sie an seiner Seite sind. Seien Sie für ihn da, streicheln oder massieren Sie ihn ganz ruhig, so wie es für ihn angenehm ist. Auch das Halten und Einrahmen mit beiden Händen, wobei er zwischen Ihren Füßen sitzt, kann eine beruhigende Wirkung auf den Hund haben.

Ganz nach dem Motto »Zusammen ist alles nur halb so schlimm« sind Sie dafür verantwortlich, Ihrem Hund diese soziale Unterstützung zu bieten, wenn er sie wirklich braucht.

Von der Theorie in die Praxis

Nun haben wir eine gute Basis geschaffen, um einen Schritt weiter zu gehen. Im nun anschließenden Praxisteil des Buches werde ich Ihnen diverse Übungen an die Hand geben, mit deren Hilfe Sie die Beziehung zu Ihrem Hund verbessern können. Hierbei nutzen wir gemeinsame Spiele und Motivation genauso wie die direkte körpersprachliche Kommunikation und Übungen zu Konflikten und Alltagsproblemen. Ich wünsche Ihnen viel Spaß beim Ausprobieren.

Praxisteil

Vom Leser zum Macher – Praxisübungen für Mensch und Hund

Spiel und Spaß mit Hund

Spiel ganz ohne Objekt

Das Sozialspiel zwischen Mensch und Hund stellt die reinste und ursprünglichste Form des Spielens dar. Wenn ich Menschen in der Hundeschule jedoch dazu auffordere, einmal mit ihren Hunden zu spielen, dann suchen sie meistens direkt nach einem Gegenstand wie einem Ball oder einem Stofftier. Das ist schade, denn wir haben so viele Möglichkeiten, ohne Hilfsmittel mit unseren Hunden zu spielen.

Grundsätzlich können wir natürlich zum Spielen auch ein Objekt zu Hilfe nehmen, auch hierzu kommen noch weitere Übungen. Ich möchte Sie aber bewusst dazu ermutigen, erst einmal das pure Sozialspiel zu üben. Und zwar so lange, bis dies auch wirklich funktioniert. Manchmal dauert es einige Zeit, bis sich ein Spiel mit dem Hund ergibt und der Knoten platzt. Sollte es nicht sofort klappen, geben Sie nicht direkt auf. Bleiben Sie am Ball, es lohnt sich.

Leider kennen viele Hunde kein reines Sozialspiel mit dem Menschen ganz ohne Zuhilfenahme eines Objektes. Auch deshalb nicht, weil sie vom Welpenalter an nie etwas anderes kennengelernt haben. Bereits mit Einzug des Welpen wird eine gewisse Grundausstattung an Spielzeug gekauft und meist auch von Beginn an benutzt, wenn mit dem Hund gespielt wird. Solchen Hunden fällt es später umso schwerer, in ein reines Sozialspiel ohne Gegenstände zu gehen. Sie erkennen zwar die Spielstimmung des Menschen, suchen dann aber direkt nach einem Objekt, welches sie bringen und in das Spiel mit einbeziehen können. Gerade hier brauchen Sie Geduld und sollten nicht zu schnell aufgeben und wieder auf Objekte zurückgreifen.

Der Spielaufbau

Wenn Sie anfangen, mit Ihrem Hund zu spielen, achten Sie anfangs darauf, dass Sie sich in einem Umfeld befinden, in dem sich Ihr Hund wohlfühlt und nicht zu vielen Ablenkungen ausgesetzt ist. Der Garten oder eine ruhige Wiese eignen sich wesentlich besser als ein stark frequentiertes Auslaufgebiet oder eine Hundewiese.

Doch wie können Sie Ihrem Hund nun vermitteln, dass Sie mit ihm spielen möchten? Schauen wir uns dazu zunächst an, über welche Signale wir Spiel artgerecht kommunizieren können. Zur Verfügung stehen uns:

- Gestik
- Mimik
- Körperbewegung und Haltung
- Körperspannungskurve
- Augenhöhe

Gestik und Mimik betreffend, dürfen Sie sich ausprobieren. Seien Sie albern und kreativ. Machen Sie etwas, das Sie im normalen Alltag nicht machen würden. Die Bedeutung von Körperbewegung, Körperspannung und Augenhöhe möchte ich Ihnen auf den folgenden Seiten erläutern.

Übung 1

DAS SOZIALSPIEL ZWISCHEN MENSCH UND HUND

Spannungsaufbau

Eine besondere Bedeutung kommt der Spannungskurve zu. Auch das können wir uns von Hunden abschauen. Meist stehen sich zwei Hunde gegenüber, und Erregung beziehungsweise Spannung wird aufgebaut. Dies erkennt man an der Mimik und auch an vermehrtem Schwanzwedeln. Dann gibt es den Moment, in dem sich die Spannung entlädt. Darauf folgt in der Regel ein kurzes Spielsignal, wie die Vorderkörpertiefstellung (Playbow), und das Spiel beginnt.

Nutzen Sie den Spannungsaufbau Ihres Körpers bewusst, um ein Spiel mit Ihrem Hund einzuleiten. Körperspannung bauen Sie auf, indem Sie Ihren Muskeltonus erhöhen. Stellen Sie sich vor, Sie stehen in der Startposition eines 100-Meter-Sprints und warten auf den Startpfiff. Dabei halten Sie Kontakt mit Ihrem Hund und verhalten sich vielleicht einmal so, als ob Sie ihn das erste Mal sehen würden oder etwas besonders Spannendes entdeckt haben. Sie können sich auch vorstellen, Sie schleichen sich an etwas an, das Sie fangen möchten. Besteht eine Verbindung zwischen Ihnen und Ihrem Hund und die Spannung wird immer weiter aufgebaut, lassen Sie eine kleine ruckartige Bewegung folgen oder laufen einfach los.

Auf Augenhöhe spielen

Hunde sind in der Regel kleiner als wir. Es bietet sich an, im Spiel unseren Hunden auf Augenhöhe zu begegnen. Machen Sie sich einmal kleiner und begeben sich auf die Ebene Ihres Hundes. Ziehen Sie sich alte Sachen an. Beim richtigen Spielen liegen Sie auch einmal auf dem Boden, schleichen sich auf den Knien an, Ihr Hund springt Sie an oder macht Sie auf irgendeine andere Art und Weise dreckig. Dies sollten Sie vorher einkalkulieren und sich entsprechende Kleidung anziehen, um das Spiel dann nicht abbrechen zu müssen, weil etwa die Jeans nicht schmutzig werden darf. Hunde reagieren sehr positiv darauf.

Bei einem Rennspiel wird es mit dem Sich-auf-Augenhöhe-Begeben natürlich schwierig für uns Menschen. Auf allen vieren würden wir nicht weit kommen. Aber auch hier können wir mit einem Spannungsaufbau und einer vorgebeugten Körperhaltung das Spiel initiieren.

Spielsignale der Hunde imitieren

Sie wissen jetzt bereits, welche Mittel Sie einsetzen können, um mit Ihrem Hund zu spielen. Jetzt füllen wir Ihren »Werkzeugkoffer« mit weiteren Bewegungsmustern, die zum Spiel gehören. Dafür braucht man Hunde nur zu beobachten und sich ihr Verhalten abzuschauen. Dieses können wir Menschen prima adaptieren, sodass es unsere Hunde direkt verstehen. Erinnern Sie sich an das Sender-Empfänger-Modell. Wir begeben uns hier auf die Kommunikationsebene unserer Hunde und nutzen die körpersprachliche und taktile Kommunikation.

Playbow, Körpertäuschungen und ruckartige Bewegungen

1 Der Playbow wird auch als Vorderkörpertiefstellung beschrieben und gilt als das Spielsignal überhaupt. Die meisten Hunde zeigen diese Geste bei Beginn eines Spiels. Hiermit wird klar kommuniziert: »Das, was jetzt folgt, ist nur Spiel und nicht ernst gemeint.«

Als Mensch können wir dieses Verhalten nachahmen, indem wir zunächst Spannung aufbauen, dabei den Hund anschauen und einen Playbow dadurch imitieren, dass auch wir mit dem Vorderkörper ruckartig nach unten gehen. Spreizen wir dabei unsere Arme etwas, können wir die Geste damit noch unterstützen – ähnlich zu den abgesenkten Vorderläufen des Hundes.

Gerade wenn der Playbow als ruckartige Bewegung durchgeführt wird, löst er ein Spiel aus. Ruckartige Körperbewegungen und Körpertäuschungen nach einem bereits erfolgten Spannungsaufbau können generell gut als Spielsignal genutzt werden. Es muss nicht immer ein Playbow sein.

Nach dem erfolgten Spannungsaufbau imitiere ich den Playbow durch eine ruckartige Bewegung. Die Chihuahuahündin Keevie spiegelt mein Verhalten und geht ebenfalls mit dem Vorderkörper hinunter.

2 Daraufhin beginnt das Spiel. Keevie fängt an, wie wild umherzulaufen und Haken zu schlagen. Ich gehe die Bewegungen in kleiner Position (an den Hund angepasst) mit und setze Blicke, Energie, Vorderkörperbewegung und Mimik ein, um sie im Spiel zu halten. Obwohl es hier gar keinen direkten Kontakt gibt, schaut sie stets zu mir. Wir stehen die gesamte Zeit in Kontakt, auch ohne Berührung. Wir spielen hier ein Rennspiel auf Distanz.

3 Später wechselt das Spiel und geht im Nahfeld weiter. Hier kommen wir auch in Berührung miteinander. Meine Hand setze ich ein, um mit ihr zu kabbeln, das bietet sich gerade bei so kleinen Hunden an.

Das Anschleichen und Spielfixieren

Anschleichen können wir uns sowohl im Stehen, in geduckter Haltung oder aber auf allen vieren. Dabei verändern wir unseren Gesichtsausdruck etwas Richtung Spiel, schauen dabei den Hund an und schleichen uns langsam in seine Richtung an.

Hier sollten Sie unbedingt die Ernsthaftigkeit aus der Mimik nehmen und darauf achten, dass der vierbeinige Spielpartner diese Geste nicht mit dem Drohfixieren verwechselt. Bei einem Mensch-Hund-Paar, das vertraut miteinander ist, sollte das aber kein Problem sein. Bei unbekannten Hunden und bei Tierschutz- oder Auslandshunden lernen Sie diese bitte zuerst kennen und beginnen nicht mit dieser Geste. Merken Sie, dass der Hund sich bedroht fühlt, brechen Sie ab und versuchen Sie zunächst etwas anderes.

Haben Sie sich genug an Ihren Hund herangepirscht, bewegen Sie Ihren Körper wieder etwas ruckartig und lösen damit das Spiel aus. Wird das Spiel bereits zu einem früheren Zeitpunkt von Ihrem Hund ausgelöst (was auch passieren kann), gehen Sie darauf ein.

versteht meine Geste, synchronisiert mein Verhalten und geht auf mich ein.

3 Jetzt erfolgt der spielerische Angriff von Louis. Damit wird ein Kampfspiel gestartet. Das Bild zeigt den Hochkampf. Dies sieht man häufig unter Hunden, die ein Kampfspiel spielen. Auch das vorsichtige Beißen ist hier natürlich erlaubt und erfolgt unter vollständiger Beißhemmung, sodass niemand zu Schaden kommt.

1 Zunächst schleiche ich mich auf allen vieren an, baue Spannung auf und verringere die Distanz.

2 Durch meinen ruckartig imitierten Playbow starte ich das Spiel. Das Spiel ist eröffnet. Louis

Spielerisches Losrennen

Wenn Sie mit Ihrem Hund spazieren gehen, können Sie auch einfach mal losrennen. Schauen Sie Ihren Hund dabei an und nehmen Kontakt mit ihm auf. So starten Sie ein kleines Rennspiel. Die meisten Hunde gehen darauf ein. Hierbei ist ein Anrempeln oder spielerisches Wegschubsen genauso erlaubt, wie einfach nur zusammen über ein Feld zu hüpfen.

1 Hier habe ich meine Hündin angeschaut und mit ihr Kontakt aufgenommen. Danach gebe ich den ersten Impuls und renne einfach los. Sie kommt mit und versteht sofort, dass ich ein Spiel beginne.

2 Sie steigt in das Spiel ein und versucht, mich durch Anspringen und Mit-der-Schnauze-Festhalten zu fangen.

Da wir im Kontext des Spiels sind, was beide wissen, sind solche Verhaltensweisen sogar gewünscht. Abseits des Spielkontextes sollte ein Hund natürlich lernen, nicht einfach Menschen anzuspringen.

Sich verstecken

Hat sich Ihr Hund etwas von Ihnen entfernt, können Sie sich auch hinter etwas verstecken. Das kann beispielsweise ein Busch oder ein Baum sein. Hier geht es aber nicht darum, sich ernsthaft zu verstecken. Ihr Hund wird Sie aufgrund seines ausgeprägten Geruchssinns sowieso finden. Tun Sie nur so. Sie können bewusst spielerisch hinter dem Baum hervorlugen, sodass Ihr Hund Sie sieht. Wenn Sie loslaufen, kurz bevor Ihr Hund bei Ihnen ist, sind Sie schon mitten im Spiel.

Schieben und Anrempeln

Auch das spielerische Schieben und Anrempeln können wir imitieren. Dazu schieben wir unseren Körper gegen den des Hundes und versuchen, ihn damit ein Stück wegzuschieben. Rempeln wir unseren Hund spielerisch an, ist der Kontakt kürzer. Beides funktioniert im Kontaktspiel mit unseren Hunden sehr gut.

Gliedmaße fangen

Gerade Hütehunde zeigen dieses Verhalten oft im Spiel, aber auch viele andere Hunderassen haben daran Spaß. Dabei fangen die Hunde die Gliedmaße der anderen Hunde mit ihrem Fang. Letztendlich beißen sie in die Vorder- oder Hinterläufe. Auch hier läuft das Beißen vollständig gehemmt ab, sodass es sich eher um eine Festhaltegeste handelt. Da Sie Ihren Hund wahrscheinlich nicht wirklich beißen wollen, können Sie hierzu auch Ihre Hände verwenden und damit die Schnauze eines Hundes imitieren. Versuchen Sie einmal, die Gliedmaßen Ihres Hundes spielerisch zu fangen. Hier bieten sich vor allem Bereiche an, die der Hund nicht direkt im Blickfeld hat. Natürlich lassen Sie dann sofort wieder los. Es geht nicht um das Festhalten, sondern lediglich um das Fangen.

Sich in die Handicap-Position begeben

Lassen Sie Ihren Hund auch mal gewinnen und begeben sich absichtlich in die Handicap-Position. Auch das reine Auf-den-Rücken-fallen-Lassen löst bei den meisten Hunden ein natürliches Herankommen aus, sodass ein Spiel eingeleitet werden kann.

Hier spiele ich ein Kampfspiel mit Nora, die mich voller Freude gerade spielerisch angreift

Ich lasse mich bewusst auf den Rücken fallen und begebe mich in die Handicap-Position

Hier sieht man Louis beim Maulrangeln mit seinem Urlaubsflirt

Nora stellt sich über mich. Unser Spiel geht nun auf dieser Ebene mit einem imitierten Maulrangeln weiter

Maulrangeln

Sie können mit Ihren Händen sehr gut die Schnauze eines Hundes nachmachen und damit spielerisch mit der Hundeschnauze rangeln. Wenn Sie dieses Instrument nutzen, achten Sie darauf, dass der Hund es wirklich nur im Spiel macht und damit nicht eigenständig ein Spiel eröffnet. Kommunizieren Sie ein deutliches »Nein«, wenn Ihr Hund dieses Verhalten außerhalb einer Spielsituation zeigt. Sind Sie hierbei nicht konsequent, können Sie sich schnell einen Hund erziehen, der immer in die Hände beißen möchte. Auch wenn es vom Hund möglicherweise spielerisch gemeint ist, kann das unangenehm werden.

Spielen ohne Druck

Sie kennen nun alle Spielbewegungen unserer Hunde und wissen auch, wie man ein Spiel initiieren und auslösen kann. Jetzt geht es darum, es einfach auszuprobieren. Versuchen Sie herauszufinden, wie und zu welchen Spielen Sie Ihren Hund motivieren können. Dabei lassen sich auch die individuellen Spielpräferenzen des Hundes schnell erkennen.

Seien Sie dabei vor allem locker und haben Sie keine zu große Erwartungshaltung. Seien Sie nicht frustriert, wenn es nicht direkt klappt. Einige Hunde spielen sofort mit ihren Menschen, andere brauchen Wochen oder Monate, bis der Knoten platzt.

Übung 2

SPIEL UM EIN OBJEKT

In dieser Übung beschäftigen wir uns mit dem Spiel um ein Objekt. Sie sollten vorher jedoch unbedingt das reine Sozialspiel aus Übung 1 mit Ihrem Hund geübt haben und beherrschen. Sonst kann es passieren, dass sich schnell wieder alles nur um das Objekt dreht.

Auch beim Spiel um ein Objekt steht das soziale Miteinander im Vordergrund. Denken Sie daran.

Streit und Konkurrenz vermeiden

Das Spiel um ein Objekt wird in der Hundewelt häufig praktiziert. Ein Hund schnappt sich etwas und präsentiert es stolz und schwanzwedelnd den anderen Hunden. Daraufhin rennt er los, wird verfolgt und versucht, das Objekt abzuschirmen und zu behalten.

Die Vertrautheit der Hunde untereinander spielt hier eine wesentliche Rolle. Die Hunde sollten sich bereits kennen, und ein positiver, vertrauter Umgang muss Voraussetzung sein. Ein Objekt in eine Hundegruppe zu bringen, kann ansonsten schnell eine Konkurrenzsituation auslösen und zu Streit führen.

Mit Ihrem Hund auf einer belebten Hundewiese Ball zu spielen, ist daher eines der ungünstigsten Dinge, die Sie als Hundehalter tun können.

Der Spielaufbau

Suchen Sie sich zunächst ein Objekt aus, um das gespielt werden soll. Ihr Hund sollte in erster Linie Spaß an dem Objekt haben. Vermeiden Sie zu Beginn Gegenstände, die Sie normalerweise als Motivationshilfe nutzen oder womit ordentlich und konzentriert gearbeitet werden soll wie beispielsweise Dummys beim Apportieren. Ansonsten kann es passieren, dass der Hund in Zukunft diese Gegenstände zum Spiel nutzen will und damit eigenständig Spiele eröffnet und vor seinem Halter wegrennt. Das wollen wir unbedingt vermeiden.

Ein geübtes Mensch-Hund-Team sollte damit keine Probleme haben. Auch ein Hund kann genau unterschieden, wann eine Spielsituation vom Menschen eingeleitet wird und wann nicht. Er weiß also, wann er sich anders gegenüber Spielzeugen und Objekten verhalten muss.

Haben Sie ein geeignetes Objekt ausgesucht, überlassen Sie es zunächst Ihrem Hund.

1 Nachdem Sie Ihrem Hund ein Objekt überlassen haben, erhöhen Sie die Distanz. Bleiben Sie dennoch in Kontakt mit Ihrem Hund und bauen wieder eine Spannung auf. Versuchen Sie, die Spielsignale zu nutzen, die Sie jetzt bereits kennen und ausprobiert haben.

Tun Sie so, als ob Sie sich an Ihren Hund anschleichen und ihm das Objekt abnehmen wollen.

2 Ist eine Spannung zwischen Ihnen und Ihrem Hund aufgebaut, können Sie durch einen Playbow oder eine ruckartige, spannungslösende Bewegung mehr Dynamik in das Spiel bringen. Meistens löst dies ein Rennspiel aus, indem der Hund versucht, das Objekt in Sicherheit zu bringen. Auf dem Bild sieht man genau diesen Moment. Ich imitiere einen Playbow, und Louis spiegelt das Verhalten sofort und zeigt mir gegenüber ebenfalls einen Playbow.

3 Gehen Sie auf das ein, was Ihr Hund Ihnen anbietet. Wenn er rennt, jagen Sie ein Stück hinterher und versuchen, das Objekt zu bekommen. Lassen Sie Ihren Hund ruhig gewinnen. Es geht in dieser Übung nicht darum, das Objekt

wirklich zu bekommen. Es geht vielmehr um den Spannungsaufbau und die Distanzkommunikation zwischen Ihnen und Ihrem Hund.

Irgendwann bleiben Sie stehen und beginnen wieder mit dem Anschleichen. Funktioniert das gut, können Sie auch in ein Spiel mit dem Objekt im Nahbereich übergehen, wie es in Übung 3 beschrieben wird.

Wichtig bei dieser Übung ist, dass Sie das Spiel auch jederzeit wieder beenden können. Dies ist unter anderem Ausdruck für die Beziehung zu Ihrem Hund und inwieweit die Kommunikation bereits reibungslos funktioniert.

Werden Sie ernst und sagen Ihrem Hund das Kommando »Aus«, sollte er das Objekt zu jeder Zeit freiwillig wieder hergeben und es fallen lassen. Funktioniert das nicht, ist entweder Ihre Kommunikation noch nicht deutlich genug, oder es fehlt noch an Akzeptanz und Respekt gegenüber dem Hundehalter. In dem Fall stellen Sie diese Übung zunächst hinten an und arbeiten zunächst an diesen Punkten. Übungen aus den Kapiteln »Körpersprachliches Kommunizieren in der Praxis« und »Lass uns Streiten« können hier hilfreich sein.

Übung 3

SPIEL MIT EINEM OBJEKT

Jetzt kommen wir zu dem Spiel, das viele Hundehalter bereits kennen: das Spiel mit einem Objekt.

Objektspiele sind bei vielen Hunden sehr beliebt. Gerade deshalb eignet sich dieses Spiel besonders gut als Belohnungsspiel. Das Belohnungsspiel hat die Besonderheit, dass es nicht immer ohne Bedingung erfolgt, sondern – wie das Wort schon sagt – als Belohnung für ein vorher gezeigtes Verhalten eingesetzt wird.

Hiermit möchte ich Ihnen eine Alternative zu Futter aufzeigen, denn für viele Hundehalter ist Futter das Mittel der Wahl, um den Hund zu belohnen. Welches Motivationsmittel für den Hund wann am besten geeignet ist, müssen Sie mit Bedacht entscheiden. Meistens ist das Spiel mit einem Objekt eine wesentlich hochwertigere Belohnung als ein Stück Futter. Hier kommt es jedoch auch immer auf den Hundetyp an. Es gibt durchaus Hunde mit wenig Beutetrieb, welche mit Futter besser zu motivieren sind. Darum kann ich hier keine Pauschalaussage treffen, sondern es muss von Hund zu Hund individuell betrachtet werden.

Ein gutes Maß finden

Ist eine Belohnung sehr hochwertig, wie es das Beutespiel oft ist, steigt auch das Erregungsniveau des Hundes. Steigt dieses durch entsprechende Beutespiele zu stark an, sollten Sie einen Schritt zurückschalten und auf eine minderwertige Belohnung umstellen. Erkennen können Sie es daran, dass der Hund nicht mehr klar denkt, nervös wird, gelernte Sachen nicht mehr abrufen kann, jammert, winselt oder wild hin und her springt. Hier gilt es, ein gutes Gefühl für den eigenen Hund zu entwickeln und die Belohnung und das eigene Verhalten dementsprechend anzupassen. Das kann für unerfahrene Hundehalter durchaus herausfordernd sein.

Bei Objektspielen besteht darüber hinaus eine gewisse Suchtgefahr. Die negativen Effekte eines Balljunkies habe ich ja bereits beschrieben und Gleiches gilt auch für andere Objekte. Sollte Ihr Hund Gefahr laufen, sich in diese Richtung zu entwickeln, sollten Sie mehr an Ruhe und Gelassenheit arbeiten, das Erregungsniveau zunächst kontrollieren können und Motivationsobjekte tauschen oder aber Objektspiele unterlassen, wenn diese nicht in einer adäquaten Form ablaufen können.

Spielaufbau

Besonders wichtig ist mir, dass Sie als Person immer einen großen Teil des Spiels einnehmen. Soziale Mechanismen sollten auch hier im Vordergrund stehen. Sie sind derjenige, der das Spielzeug interessant macht.

Bewegen Sie das Spielzeug wie eine Beute, als etwas, das der Hund fangen muss. Das können Sie auf dem Boden oder aber auch in der Luft machen. Bewegen Sie sich dabei, ziehen Sie das Objekt etwa zwischen Ihren Beinen hindurch, schirmen es ab, geben es wieder frei und bewegen es

Ich nehme die Energie aus dem Spiel und halte das Zergel ruhig. Ava ist kurz davor, das Objekt freizugeben

in eine andere Richtung. Hat der Hund es gefangen, wird sich in der Regel ein Zerrspiel ergeben. Hunde lieben Zerrspiele – auch unter ihresgleichen. Machen Sie ein Wettziehen. Geben Sie mal etwas nach, sodass Ihr Hund Erfolgserlebnisse hat, dann spielen Sie wieder den Stärkeren und gewinnen ein paar Zentimeter in die andere Richtung.

Es geht um die Aktion an sich, nicht ums gewinnen. Sie dürfen Ihren Hund ruhig auch einmal gewinnen lassen. Meist laufen die Hunde daraufhin kurz stolz mit hoch erhobener Rute umher und kommen dann zurück zum Spielpartner, um von Neuem zu beginnen.

Wer das Spiel gewinnt, sagt im Übrigen nichts über die Rangordnung aus. Auch dieses Gerücht kursiert immer noch in einigen Köpfen.

Abbruchsignale trainieren

Jedoch sollten Sie auch bei dieser Übung Ihrem Hund jederzeit das Kommando »Aus« geben können, woraufhin dieser den Gegenstand dann bereitwillig freigibt.

Möchten Sie, dass Ihr Hund das Objekt freigibt, hören Sie zunächst mit den Bewegungen auf und halten den Gegenstand ganz ruhig fest. Erst dann geben Sie das Kommando »Aus«.

Als Belohnung für das schnelle Freigeben können Sie direkt mit dem Spiel und mit der Bewegung weitermachen. So trainieren Sie zusätzlich ein gutes »Aus«.

Körpersprachliches Kommunizieren in der Praxis

Räume verwalten und Energien ausrichten

Hunde nutzen überwiegend die körpersprachliche und taktile Kommunikation. In den folgenden Übungen erfahren Sie Schritt für Schritt, wie Sie mit Ihrem Hund auf diese Art und Weise kommunizieren können. Das führt zu einem besseren Verständnis füreinander und ermöglicht Ihnen, Ihren Hund im Alltag mit kleinsten Zeichen führen und leiten zu können. Und da haben wir Sie wieder: die unsichtbare Leine.

Stellen Sie sich zunächst folgende Fragen: Wer schränkt wen in der Bewegung ein? Wer gibt Räume vor? Also wer zieht die Grenzen eines Raums, und wer gibt sie wieder frei? Wer nimmt als Individuum Raum ein?

Dazu ein Beispiel aus der Praxis: Ihr Hund springt Sie aus einer Laune heraus an, oder er möchte ein Spielzeug, das Sie gerade in der Hand haben, und Sie ziehen es reflexartig weg, wenn der Hund danach springt. In beiden Fällen nimmt der Hund mehr Raum ein, und Sie als Mensch geben Raum frei, indem Sie unbewusst zurückweichen.

Rufen Sie sich hierzu noch einmal das Thema Führung und Raumverwaltung aus dem Theorieteil ins Gedächtnis. Wer Räume vorgibt, gibt damit gleichzeitig auch Handlungsspielräume vor. Und wer Handlungsspielräume vorgibt, ist gleichzeitig die Partei, die in diesem Moment die Führung übernimmt. Wenn wir uns also mit unserem Körper auf etwas zubewegen und diesen eher frontal zu etwas ausrichten, nehmen wir Raum ein. Bewegen wir uns von etwas weg oder öffnen unseren Körper zur Seite hin, geben wir Raum frei.

Energiewellen

Dazu möchte ich Ihnen noch ein Bild mit auf den Weg geben, das die Wirkung unserer Körperhaltung und unserer Energien auf unser Gegenüber veranschaulicht. Stellen Sie sich einmal vor, Sie stehen bis über die Schultern im Wasser. Wenn Sie sich jetzt nach vorne bewegen, einen Schritt nach vorn gehen oder Ihren Oberkörper in eine Richtung drehen, werden sich kleine Wellen in diese Richtung bewegen.

Gehen Sie einen Schritt nach hinten oder drehen sich zur Seite, werden sich die kleinen Wellen nach hinten bewegen.

Wenn wir mit unseren Hunden arbeiten, stehen wir natürlich nicht im Wasser. Die Wellen existieren aber trotzdem, es sind Energiewellen. Stellen Sie sich diese unsichtbaren Energiewellen bei jeder Ihrer Bewegungen einmal vor. Die Energierichtung ist sogar noch wichtiger als die reine Körperhaltung. Ich kann beispielsweise meinen Oberkörper vorbeugen und mich dabei öffnen und nach hinten laufen. Hier geht meine Energie nach hinten, und ich gebe damit Raum frei und lade den Hund ein, mir zu folgen.

Entscheidend für eine klare und kongruente körpersprachliche Kommunikation sind daher Körperhaltung und Energierichtung!

Übung 1

DIE INDIVIDUALITÄT DES HUNDES KENNENLERNEN

Unsere Hunde reagieren je nach Rasse und ihrem individuellen Charakter unterschiedlich sensibel auf körpersprachliche Kommunikation. Aus diesem Grund besteht die Herausforderung zunächst darin, in Einklang mit unserem Hund zu kommen.

Ob Ihre Bewegungen für den Hund ausreichend, zu doll und ausgeprägt oder aber zu wenig und undeutlich sind, erkennen Sie am Feedback des Hundes. Also daran, ob der Hund auf Sie reagiert oder nicht.

Den Druckpunkt finden

Um herauszufinden, wie Ihr Hund auf Sie reagiert und um ein erstes Gefühl für diese Art der Kommunikation zu bekommen, finden Sie zunächst einmal den individuellen Druckpunkt heraus. Damit meine ich den Grad der Einwirkung, an dem Ihr Hund beginnt, auf Sie zu reagieren.

1 Positionieren Sie sich gegenüber Ihrem Hund. Ihr Hund sollte dabei stehen. Wichtig ist, dass er kein Kommando erhält. Die Situation kann sich auch ganz natürlich aus dem Alltag ergeben. Achten Sie aber zunächst auf ein ablenkungsarmes Umfeld, sodass sich Ihr Hund auch auf Sie konzentrieren kann. Gehen Sie nun auf Ihren Hund zu, schauen Sie ihn dabei an und halten den Blick. Beobachten Sie dabei stets seine Reaktion.

2 Testen Sie nun, wie der Hund auf die Bewegung Ihres Oberkörpers reagiert. Bewegen Sie Ihren Oberkörper nach vorn, erhöhen Sie damit den Druck, also die Energiewellen. Als Reaktion darauf wird sich der Hund hinsetzen. Jetzt haben Sie den Druckpunkt gefunden.

Sobald sich der Hund setzt, öffnen Sie Ihren Körper wieder und nehmen den Blick von dem Hund. Das ist wichtig, denn wenn Sie so stehen bleiben würden, würden Sie weiterhin Druck auf Ihren Hund ausüben, obwohl er ja bereits verstanden hat, was Sie von ihm wollen und auch richtig auf Sie reagiert hat.

Achten Sie bei dieser Übung genau auf Ihren Hund und seine Reaktionen. Sollte Ihr Hund bereits nach hinten ausbrechen und von Ihnen weggehen oder bereits im Gebüsch sitzen, war Ihre Körpersprache in diesem Fall zu intensiv. Sie sind über das Ziel hinausgeschossen. Reagiert Ihr Hund jedoch nicht, müssen Sie deutlicher werden und sich etwas intensiver ausdrücken.

Übung 2

STOP-AND-GO

Wenn Sie den individuellen Druckpunkt Ihres Hundes gefunden haben, können Sie etwas mehr Dynamik in die Übungen bringen. Meistens wenn wir mit unseren Hunden kommunizieren, sind diese ja auch tatsächlich in Bewegung. Um das zu trainieren, eignet sich die Stop-and-go-Übung. Hierbei lernen Sie, Ihren Hund auf Distanz körpersprachlich einzuladen und zu stoppen.

Der Übungsaufbau

1 Bringen Sie Ihren Hund zunächst mit Ihrer Körpersprache dazu, an einer Stelle zu stoppen, wie Sie es bereits aus der Druckpunktübung kennen. Ob Ihr Hund sich setzt oder hinlegt, spielt für diese Übung keine Rolle. Hier gibt es je nach Hund individuelle Vorlieben. Wenn Sie den Hund gestoppt haben, entfernen Sie sich von ihm und positionieren sich frontal gegenüber. Eine Entfernung von 5 bis 10 Metern ist hier ausreichend. Sollte der Hund aufstehen und Ihnen hinterherlaufen, bringen Sie ihn körpersprachlich wieder zurück in die Ausgangsposition. Wichtig hierbei ist es, dass der Hund kein Kommando bekommt. »Sitz«, »Platz« und vor allem »Bleib« haben hier nichts zu suchen. Wir befinden uns bei dieser Übung in der reinen, direkten körpersprachlichen Kommunikation und nicht bei der Arbeit mit Kommandos oder Konditionierungen.

2 Öffnen Sie sich körpersprachlich, indem Sie Ihre Schulter öffnen und eine einladende Geste gegenüber Ihrem Hund zeigen. Achten Sie dabei darauf, dass Ihre Energie nach hinten geht. Hier können Sie auch einen kleinen Schritt rückwärts machen, um die körpersprachliche Einladung zu unterstützen. Der Hund sollte daraufhin der Einladung folgen und sich in Ihre Richtung bewegen.

3 Wenn der Hund auf dem Weg zu Ihnen ist, lassen Sie ihn ein paar Meter laufen, bevor Sie Ihre Körpersprache wieder verändern und sich erneut frontal positionieren. Ihre Schulter ist dabei wieder nach vorn gerichtet, Sie machen sich groß, die Energie richtet sich nach vorn in Richtung Ihres Hundes. Sie können dabei auch einen deutlichen Schritt auf ihn zumachen.

Ihr Hund sollte jetzt auf Sie reagieren und stoppen. Auch hier ist es wieder egal, ob er stehen bleibt, sich setzt oder sich hinlegt – alles ist erlaubt. Was uns interessiert, ist die Reaktion auf Ihre Körperhaltung und damit auch das Annehmen der kommunikativen Signale. Meist müssen Sie hier schneller und energischer sein als bei der Druckpunktübung, denn nun bewegt sich der Hund ja bereits und bringt eine gewisse Energie in Ihre Richtung mit. Je mehr Energie ein Hund in der Bewegung mitbringt, desto mehr Energie müssen Sie in der Regel auch einsetzen, um ihn zu stoppen. Eine Ausnahme bilden sehr sensible Hunde oder einige

Hütehundrassen, die auch bei hoher Erregung durchaus auf eine kleine Bewegung oder einen Blick reagieren.

Es kommt hierbei wieder ganz individuell auf den jeweiligen Hund an. Ich kann das gar nicht oft genug betonen. Jeder Hund ist anders und benötigt daher eine andere Ansprache. Es ist Ihr Job, das richtige Maß zu finden.

Sollte Ihr Hund nicht stoppen, ärgern Sie sich nicht und wiederholen Sie die Übung.

4 Wenn Ihr Hund auf Sie reagiert hat und stoppt, laden Sie ihn wieder zu sich ein. Das machen Sie durch die bereits gelernte Körperbewegung aus Schritt 2. Sie können dabei auch variieren, zum Beispiel indem Sie in die Hocke gehen und die Arme ausbreiten, wie auf den Bildern dieser Seite zu sehen.

Dieses Mal darf Ihr Hund ganz zu Ihnen rankommen. Freuen Sie sich darüber, dass er auf Sie reagiert hat und nun wieder bei Ihnen ist. Belohnen Sie ihn durch eine nette soziale Geste. Streicheln oder kraulen Sie ihn an einer Stelle, die er besonders mag, oder laufen gemeinsam mit ihm weiter.

Wichtig:
Lassen Sie Ihren Hund hin und wieder auch direkt zu Ihnen kommen, also ohne dass Sie ihn auf der Hälfte des Weges blockieren und stoppen. Denn läuft die Übung immer wieder nach dem gleichen Schema ab, kann es sein, dass einige Hunde nicht mehr kommen wollen, weil sie ja schon erahnen, dass sie wieder gestoppt werden.

Aus diesem Grund ist das Variieren hier so wichtig. Der Hund lernt zusätzlich, achtsamer darin zu werden, auf Ihre Körpersprache zu achten und nicht nur ein gelerntes Schema abzuspielen.

Leckerchen sind hier fehl am Platz

Auch in dieser Übung sind bei der Belohnung Leckerchen fehl am Platz. Soziales Lob reicht völlig. Erinnern Sie sich dazu daran, welche Bedeutung es für unsere Hunde hat, in sozialen Gemeinschaften zu leben. Denn neben dem Training der körpersprachlichen Kommunikation passiert hier noch etwas anderes Wichtiges: Sie setzen eine Grenze und bauen eine Distanz zu Ihrem Hund auf, die er einhalten muss. Das Aufheben der Distanz und die Möglichkeit des Hundes, dann wieder zu seinem Sozialpartner zu dürfen, ist für ihn Belohnung genug. Die dadurch entstehende Nähe zwischen Mensch und Hund ist selbstbelohnend und daher Verhaltensverstärker genug.

Übung 3

HUND STOPPEN MIT ABLENKUNG

Sofern die Stop-and-go-Übung gut funktioniert, sind Sie kommunikativ schon in der Welt Ihres Hundes angekommen. Jetzt probieren Sie das Ganze einfach einmal aus einer nicht gestellten Situation heraus.

Der Übungsaufbau

1 Wenn Sie mit Ihrem Hund unterwegs sind, bremsen Sie ihn einmal körpersprachlich, genauso wie in Übung 2 beschrieben. Nutzen Sie dazu am besten eine Situation, in der Ihr Hund sowieso schon auf Sie zuläuft.

Stoppen Sie Ihren Hund, indem Sie sich körpersprachlich in ihn hineindrehen und sich frontal ausrichten. Das Gewicht ist dabei nach vorn gerichtet und somit auch der Energiefluss.

2 Wenn Ihr Hund auf Sie reagiert, nehmen Sie sofort den Druck aus der Situation, indem Sie sich etwas nach hinten lehnen oder sich zur Seite drehen. Im Unterschied zur Stop-and-go-Übung zeigen Sie jedoch keine einladende Geste gegenüber Ihrem Hund.

Der Hund soll an der Stelle bleiben, an der Sie ihn gestoppt haben. Wenn er gestoppt hat und auf Sie reagiert, können Sie auch die Intensität der körpersprachlichen Energie reduzieren.

Das ist nur fair gegenüber Ihrem Hund, denn würden Sie jetzt weiter so viel Druck machen wie in der Stoppbewegung, müsste Ihr Hund noch weitere Reaktionen zeigen, wie etwa sich zu setzen oder sich hinzulegen.

Da es uns aber nur um das Stoppen an sich geht, müssen Sie Druck und Energie körpersprachlich reduzieren.

Auf dem Bild sieht man den Unterschied darin, dass die Hundehalterin sich seitlich geöffnet hat und das Körpergewicht nicht mehr nach vorn gerichtet ist, sondern auf dem hinteren, abgewandten Fuß liegt. Damit reagiert sie auf das Anhalten ihres Hundes. Dennoch erfolgt keine einladende Geste ihm gegenüber. Mit dem Blick bleibt sie bei ihm und hält ihn damit in der Situation. Bei diesem jungen Hund gilt das als Absicherung, »ich sehe dich, und du bleibst da«. Je erfahrener und je besser eingespielt ein Mensch-Hund-Team ist, desto zuverlässiger funktionieren solche Übungen. Den Blick muss man dann nicht mehr auf dem Hund halten, sondern dieser kann auch von dem Hund abgewendet werden. Das wäre sogar wünschenswert.

3 Ablenkungen trainieren

Um ein Hundetraining fair zu gestalten, bauen wir den Schwierigkeitsgrad stufenweise auf.

Stellen Sie also zunächst diverse Situationen mit Ablenkung her.

Während der Hund nun körpersprachlich an einer Stelle gehalten wird, werden um ihn herum Ablenkungen präsentiert. Das können andere Menschen, Hunde oder auch sich bewegende Gegenstände, wie ein Ball, sein. Der Hund lernt dadurch gleichzeitig die so wichtige Impulskontrolle. Auch hierbei gilt es, den Schwierigkeitsgrad der Ablenkungen individuell an Ihren Hund anzupassen. Manche Hunde interessieren sich möglicherweise kaum für einen Ball, während andere allein beim Anblick schon durchdrehen.

Auf Bild 3 sehen Sie, wie ich mit meinem eigenen Hund Louis durch den Raum zwischen Hund und Halterin gegangen bin. Ich bin dort ein paarmal hin und her gelaufen und habe sogar mit meinem Hund rumgealbert. Dann habe ich mich nicht weit entfernt von dem anderen Hund positioniert. Er schaut uns zwar an, hält jedoch die von seiner Halterin vorgegebene Grenze ein und bleibt an der Stelle stehen, an der er gestoppt wurde.

Sollte das bei Ihnen nicht sofort funktionieren, ärgern Sie sich nicht. Sie sind im Training mit Ihrem Hund, und dass nicht immer direkt alles klappt, ist ganz normal. Bleibt Ihr Hund nicht in der Position, bringen Sie sich körpersprachlich wieder ein und wenden sich ihm direkt zu oder laufen bis zu ihm hin und drängen ihn mit Ihrer Körpersprache oder mit Ihrem Körper zurück.

Keine Angst vor Berührungen

Reagiert Ihr Hund gar nicht auf Sie, dürfen Sie ihn auch berühren. Ist er also beispielsweise auf Ihre körpersprachlichen Signale hin nicht zurückgewichen, laufen Sie gegen ihn und drängen ihn damit zurück.

Denn auch unter Hunden spielen Berührungen, also die taktile Kommunikation, eine große Rolle. Sie sollten Ihrem Hund dabei natürlich nicht wehtun oder wütend werden. Bleiben Sie emotional gelassen und behalten auch Ihr normales Tempo bei. Aus Angst den Hund zu berühren, machen Hundehalter häufig den Fehler, dass sie vor ihrem Hund stoppen, wenn dieser nicht auf sie reagiert. In diesem Fall bestimmt dann jedoch der Hund den Raum und nicht der Mensch.

Anwendungsbeispiele in der Praxis

Eine alltägliche Situation, in der diese Übung hilfreich ist, ist beispielsweise folgende: Sie gehen mit Ihrem Hund auf einem Waldweg spazieren, und Ihr Hund schnüffelt auf der gegenüberliegenden Seite ein paar Meter vor Ihnen. Nun kommt Ihnen ein Fahrradfahrer oder Jogger entgegen. Hier können Sie nun Ihren Hund körpersprachlich an der Stelle begrenzen, an der er sich gerade aufhält, und dafür Sorge tragen, dass er dort wartet, bis Fahrradfahrer oder Jogger sicher passiert haben.

Alternative Reaktionsmöglichkeiten in dieser Situation wären der Rückruf – vorausgesetzt, dass es der Abstand zum Jogger/Radfahrer zeitlich noch zulässt und dieser auch zuverlässig funktioniert – oder das Zurückgreifen auf ein konditioniertes Kommando wie ein »Sitz«. Dafür muss der Hund ein zuverlässiges »Sitz« unter Ablenkung auf Entfernung gelernt und trainiert haben. Es spricht absolut nichts dagegen, hier auch über diesen Weg zu arbeiten. Solange Sie Ihren Hund in einer solchen Situation zuverlässig steuern können, ist alles in Ordnung.

Da wir uns in diesem Buch jedoch mit einer tieferen Kommunikationsebene beschäftigen, macht es durchaus Sinn, es auch einmal über den Weg der körpersprachlichen Kommunikation zu versuchen. Natürlich muss Ihr Hund Sie dazu sehen, damit er auch auf Sie reagieren kann. Wenn Ihr Hund gerade drauf und dran ist, sich in seinen Gedanken in den siebten Himmel zu schnüffeln, kann es wiederum durchaus von Vorteil sein, ein akustisches Signal zu nutzen, bevor ein Jogger des Weges kommt oder ein Fahrradfahrer heranrast.

Übung 4

BEGRENZEN AN EINEM WEG

In dieser Übung geht es darum, Ihre Körpersprache weiter zu trainieren und diese allmählich in die alltägliche Kommunikation mit Ihrem Hund zu integrieren. Stellen Sie dazu eine imaginäre Grenze auf, die Ihr Hund nicht überschreiten darf. Gut geeignet sind beispielsweise Wege, Terrassen, Bordsteine, Gartenteile oder Ähnliches. Zunächst ist es hilfreich, wenn sich der Untergrund der beiden Bereiche unterscheidet oder durch eine Kante gut zu erkennen ist. Vielen Hunden fällt es so zu Beginn leichter, die verschiedenen Bereiche voneinander zu trennen.

Der Übungsaufbau

1 Laufen Sie mit Ihrem Hund zum Beispiel über einen Weg, der durch eine Wiese führt. In dem Moment, in dem Sie diesen verlassen und den anderen Untergrund – in diesem Fall das Gras – betreten, drehen Sie sich in Richtung Hund und stoppen diesen mittels Ihrer nach vorn gelehnten Körperhaltung und der nach vorn gerichteten Energie. Sollte Ihr Hund mit seinem Körper oder seinen Pfoten bereits auf dem anderen Untergrund sein, müssen Sie ein Stück auf ihn zugehen und mehr Dynamik hineinbringen. Sollte er nicht automatisch weichen, ist auch hier wieder eine Berührung erlaubt. Sie nehmen den Raum ein und drängen Ihren Hund – falls nötig – mit Ihrem Körper ein Stück nach hinten

Wie auf Bild 1 zu erkennen ist, lassen sich durch Führung und Körpersprache des Menschen auch mehrere Hunde gleichzeitig begrenzen.

2 Reagiert Ihr Hund auf Sie und akzeptiert die gesetzte Grenze, nehmen Sie auch hier wieder Druck und Energie aus Ihrem Ausdruck,

indem Sie Ihren Oberkörper weiter öffnen und zur Seite drehen. Das Gewicht verlagert sich ebenfalls wieder auf den hinteren Standfuß.

Sollte Ihr Hund aufgrund der veränderten Körperposition die Grenze auflösen und zu Ihnen kommen, müssen Sie ihn blitzschnell stoppen. Dies können Sie tun, indem Sie Ihre Körperposition wieder verändern und damit ein Stopp-Signal senden.

3 Erst wenn Ihr Hund die Grenze einhält, dürfen Sie ihn einladen. Dies kann sowohl im Stehen erfolgen als auch durch ein In-die-Hocke-Gehen.

Die Hundehalterin auf Bild 3 lädt ihre Hunde ein, indem sie in die Hocke geht. Beide Hunde nähern sich in submissiver Körperhaltung, was hier völlig normal ist. Durch ausgiebige Streicheleinheiten werden die Hunde dann für das Einhalten der Grenze und die gelungene Kommunikation belohnt.

Übung 5

KÖRPERSPRACHLICHE LEINENFÜHRIGKEIT VARIANTE 1

Eines der häufigsten Probleme, über welches sich Hundehalter beklagen, ist, dass ihr Hund an der Leine zieht. Es handelt sich um einen absoluten Klassiker.

Wir können unseren Hunden hier jedoch keinen Vorwurf machen, denn erstens sind sie nicht mit dem Wissen auf die Welt gekommen, was eine menschliche Hundeleine ist und wie man damit umgeht und zweitens haben die meisten Hunde Erfolg mit ihrem Verhalten. Denn wenn sich die Hundehalter hinter ihnen herschleifen lassen, kommen sie ihren Zielen Stück für Stück etwas näher.

Wer führt hier eigentlich wen?

Nehmen Sie mir die Formulierung nicht übel, aber es ist wirklich genau dieses Bild, das ich täglich sehe. Hier darf man sich bewusst fragen, wer mit wem spazieren geht. Und damit kommen wir direkt wieder zum Schwerpunkt dieses Buches zurück. Wer orientiert sich an wem, was gleichbedeutend ist mit »wer führt wen«?

Wenn Ihr Hund nun also in eine bestimmte Richtung zieht, weil er einen anderen Hund gesehen hat, und Sie gehen ihm hinterher und lassen ihn »schnuppern«, hat er die Interaktion vorgegeben, und Sie haben sich an ihm orientiert. Genauso ist es auch, wenn er plötzlich nach links ins Gebüsch zieht und dort erst einmal schnüffeln muss, wer dort heute schon alles markiert hat. Sofern Sie sich an der Leine hinterherziehen lassen und Ihrem Hund folgen, vermitteln Sie ihm, dass Sie sich an ihm orientieren.

Wenn gut erzogene Hunde im Freilauf sind, dürfen sie meinetwegen über Minuten an für sie interessanten Stellen schnüffeln, über die Hundewiese flitzen und sich auch Dinge eigenständig anschauen, die sie interessieren – immer in dem von mir vorgegebenen Radius natürlich. Wenn wir unsere Hunde an die Leine nehmen, hat das meistens einen guten Grund. Sie sollten sich dann bestenfalls an uns orientieren. Das macht den Alltag so viel einfacher.

Welche Methode ist die richtige

Es gibt vielfältige Methoden, dem Hund die Leinenführigkeit beizubringen. Einige funktionieren gut, andere gar nicht.

Es führen bekanntermaßen viele Wege nach Rom.

Da wir in diesem Buch den Schwerpunkt auf eine sehr natürliche und direkte Kommunikation legen, möchte ich zwei Möglichkeiten vorstellen, dem Hund auf einfache und verständliche Weise die Leinenführigkeit zu vermitteln.

Sie brauchen dazu einen Hund, eine Leine und ein Halsband. Keinen weiteren Schnickschnack.

Die junge Schweizer Schäferhündin zieht stark an der Leine, ist mit dem Laufen in einer Geruchsspur beschäftigt und interessiert sich wenig für das andere Ende der Leine. Sie ist mit ihrer Aufmerksamkeit nicht beim Hundehalter.

Sie setzen einfach das um, was Sie bereits über die Kommunikation mit Ihrem Hund gelernt haben.

Leinführigkeit – was ist das eigentlich?

Es gibt unterschiedliche Definitionen was Leinenführigkeit angeht. Einige Menschen möchten einfach nur nicht, dass der Hund zieht. Das sehe ich ein wenig anders. Natürlich möchte ich auch, dass die Leine locker durchhängt und der Hund nicht daran zieht. Ich möchte aber zusätzlich, dass der Hund seine Aufmerksamkeit auf mich richtet und sich an mir orientiert, wenn er angeleint ist. Dies ist in meinen Augen sogar eine Voraussetzung für eine gute Leinenführigkeit. Wenn der Hund nicht auf meine Bewegungen wie Richtungswechsel, Anhalten oder Tempowechsel achtet, also seine Aufmerksamkeit nicht auf mich richtet, wird es für ihn sehr schwer sein, auf eine lockere Leine zu achten.

Im Folgenden zeige ich Ihnen daher eine einfache Übung zur Leinenführigkeit, die auch direkt die Aufmerksamkeit des Hundes positiv beeinflusst.

Übungsaufbau

1 Bringen Sie den Hund zunächst neben oder hinter sich und gehen dann ruhig und gelassen mit ihm los. Da wir dem Hund körpersprachlich eine Grenze vermitteln wollen, muss der Hund Sie wahrnehmen können, und da er am Hinterteil keine Augen hat, kann er das nicht, wenn er bereits 3 Meter vor Ihnen läuft.

Achten Sie auf die Energie und die Absicht Ihres Hundes. Seien Sie bereits darauf vorbereitet, dass er Sie gleich wieder überholen möchte und an Ihnen vorbeischießt. Die Leine kommt dann ganz automatisch auf Zug. Die Regel, die Sie jetzt aufstellen, lautet: Ihr Hund soll Sie nicht überholen und an Ihnen vorbeirennen. Denn befindet sich Ihr Hund nicht vor Ihnen, wird er auch nicht an der Leine ziehen. Relativ einfach, oder?

2 Drehen Sie sich in genau dem Moment in Richtung Ihres Hundes, in dem er Sie überholen möchte, und stoppen ihn damit. Das darf je nach Hund auch durchaus energisch sein. Denken Sie daran, dass Sie gegen Ihren Hund die Energie, die er selbst mitbringt, einsetzen müssen, und das ist von Hund zu Hund verschieden.

Da Ihr Hund in dieser Situation nicht mit diesem Verhalten rechnet, ist die Wahrscheinlichkeit hoch, dass er gegen Sie läuft. Lassen Sie sich dadurch nicht beirren und verschaffen sich weiter Raum, indem Sie eine gewisse Distanz einfordern, wie in den vorherigen Übungen beschrieben.

Auf Bild 2 bremst der Hundeführer die Hündin, indem er mit dem linken Bein vorn steht. Das Gewicht ist nach vorn gerichtet und liegt auf diesem Bein. Er ist insgesamt sehr deutlich in seiner Körpersprache, was gut ist. Damit funktioniert das Ausbremsen, und er bekommt ein Feedback von der Hündin, indem sie ihre Aufmerksamkeit auf ihn richtet.

Vielen Menschen fällt es jedoch schwer, so deutlich zu kommunizieren. Dann kann es unter

Umständen einfacher sein, auf dem linken Bein stehen zu bleiben und sich mit dem rechten Bein um das linke Bein zu drehen und sich so in Richtung Hund zu stellen. Das rechte Bein fungiert dann eher als eine Art Schranke, was oftmals deutlicher für Hund und Halter ist. Beide Varianten sind zulässig. Hier kommt es darauf an, was Ihnen besser liegt und vor allem worauf Ihr Hund besser reagiert.

Die Leine sollte hier nur als Absicherung des Hundes gesehen werden und nicht im Vordergrund stehen. Achten Sie bei dieser Übung darauf, dass die Leine nicht auf Spannung kommt und Sie Ihren Hund nicht mithilfe der Leine bewegen oder zurückhalten. Ihr Hund soll hier auf Sie reagieren und nicht auf die Leine.

Der Hundeführer im zweiten Bild hält noch intuitiv die Leine fest. Das machen viele Halter, da sie sich daran gewöhnt haben, den Hund über die Leine zu steuern. Nötig ist das aber nicht und sollte nach Möglichkeit vermieden werden. In diesem Fall gelangte jedoch kein starker Zug auf die Leine, was damit die Übung insgesamt nicht beeinträchtigte. Die körpersprachliche Kommunikation stand im Vordergrund.

Es gibt durchaus Übungen und Situationen, in denen ich die Leine aktiv einsetze und das auch durchaus einen Sinn hat. Versuchen Sie bei dieser Übung aber, die Leine so wenig wie möglich zu nutzen und nicht über Zug auf der Leine den Hund zu führen.

3 Ihr Hund sollte nun stehen bleiben, seine Aufmerksamkeit auf Sie richten und Ihnen damit ein Feedback geben. Warten Sie einen Moment und laden Sie ihn dann körpersprachlich dazu ein, wieder bei Ihnen an die Seite zu kommen und dort zu laufen.

Sollte Ihr Hund nun auf die Idee kommen, wieder an Ihnen vorbeizuschießen, wiederholen Sie das körpersprachliche Ausbremsen des Hundes. Hier müssen Sie unbedingt konsequent, kleinlich und konzentriert sein. Lassen Sie Ihren Hund hin und wieder vorbei und nehmen es bei dieser Übung nicht genau, verpufft die Wirkung dieser Übung genau so schnell, wie sie gekommen ist. Jede Übung hat das Potential, sich schnell abzunutzen. Wenn Sie es nicht wirklich genau nehmen und auch konsequent auf die Laufposition neben beziehungsweise hinter Ihnen bestehen, wird es langfristig nicht funktionieren. Dann entsteht ein ewiges Gerangel zwischen Mensch und Hund, bei dem permanent die Grenzen neu verhandelt werden wollen. Dazu stumpfen unsere Hunde immer mehr ab und werden von Tag zu Tag für unsere Bemühungen unsensibler. Damit machen wir es uns und unseren Hunden viel schwerer, als es sein müsste.

Seien Sie also konstant, konsequent und pingelig bei dieser Übung. Dann wird Ihr Hund diese neue Regel auch annehmen. Und zu guter Letzt: Auch dieses Training sollten Sie möglichst ohne Ablenkungen beginnen, um Ihren Hund nicht zu überfordern. Funktioniert das Laufen an der Leine gut, bringen Sie immer mehr ablenkende Reize mit ins Spiel, wie andere Menschen oder Hunde. Bauen Sie den Schwierigkeitsgrad so stufenweise auf.

Pausen sind wichtig

Jungen Hunden und insbesondere Welpen fällt es oft noch schwer, lange konzentriert an der Leine zu laufen. Sie schaffen es einfach nicht, ihre Aufmerksamkeit so lange zu halten. Haben Sie bitte Geduld beim Üben mit jungen Hunden. Hier sollten wir auf keinen Fall schimpfen oder sauer sein. Üben Sie anfangs lieber nur ein paar Minuten und beenden dann die Einheit, ziehen Sie Ihrem Hund ein Geschirr an und nehmen ihn an eine Schleppleine. So starten Sie einen sogenannten »Freizeitmodus«. Hier darf der Hund schnüffeln und die Gegend erkunden und muss seine Aufmerksamkeit nicht die ganze Zeit auf Sie richten. Dann üben Sie wieder einmal ein paar Minuten mit Halsband und Leine, so kann der Hund differenzieren, welcher Modus gerade aktiv ist.

Halten Sie die Trainingszeiten anfangs kurz und dehnen Sie diese dann nach und nach aus.

Überfordern Sie Ihren Hund damit, dass Sie am Anfang zu viel von ihm verlangen, schadet das sowohl Ihrem Training, indem Sie Trainingserfolge wieder zunichtemachen, als auch der Beziehung zu Ihrem Hund.

Nach dem kurzen Training laufen Hund und Halter schön zusammen. Die Hündin Zuma zieht nicht an der Leine und richtet ihre Aufmerksamkeit auf den Hundeführer. So einfach kann es sein.

Übung 6

KÖRPERSPRACHLICHE LEINENFÜHRIGKEIT VARIANTE 2

Hier möchte ich Ihnen noch eine weitere Variante der körpersprachlichen Leinenführigkeit vorstellen. Sie eignet sich besonders gut für eher unsensible Hunde, welche anfangs deutliche körpersprachliche Ansagen brauchen.

Sie können auch mit dieser Übung beginnen und sie dann später mit der Variante 1 zur Leinenführigkeit kombinieren.

Der Übungsaufbau

1 Leinen Sie Ihren Hund an und machen die Leine etwas länger. Verstellbare Leinen eignen sich wunderbar dafür. Die Leine sollte eine Länge von 2 bis 3 Metern haben.

Sie beginnen damit, ein Leckerchen hinter sich auf den Boden zu werfen, welches der Hund fressen darf. Dies nutzen wir ausschließlich als Hilfsmittel. Wir wollen damit den Hund hinter uns bringen.

Wenden Sie sich dann in die entgegengesetzte Richtung. Dies ist die Richtung, in die Sie mit Ihrem Hund laufen möchten. Wenden Sie Ihrem Hund bereits den Rücken zu, während er noch das Leckerchen frisst. Dann laufen Sie ganz langsam los. Achten Sie auf den Moment, in dem der Hund das Leckerchen gefressen hat und bereit ist, umzudrehen und mit Ihnen zu laufen. Gehen Sie zu früh los und Ihr Hund ist noch mit dem Fressen des Leckerchen beschäftigt, ist das kontraproduktiv, da Sie ihn ja vom Leckerchen wegziehen müssten. Die Leine sollte im Idealfall während der ganzen Übung nicht gespannt sein.

2 Ist Ihr Hund mit dem Fressen fertig, dreht er sich um und sieht Ihren Rücken. Sie laufen langsam in die andere Richtung. Die meisten Hunde werden dann beschleunigen und zu ihrem Halter aufschließen oder was noch wahrscheinlicher ist, an ihm vorbei nach vorn stürmen.

Das lassen Sie aber nicht zu. Bereits bevor der Hund an Ihrer Seite ist, drehen Sie sich in die Richtung Ihres Hundes um und stoppen ihn, ähnlich wie bei der Stop-and-go-Übung.

Ihr Hund sollte dafür noch ausreichend Platz hinter Ihnen haben, also noch nicht zu nah zu Ihnen aufgeschlossen haben. Im Idealfall findet wäh-

1

2

rend der ganzen Übung keine Berührung statt, die Leine bleibt locker und wird zur Nebensache.

3 Dann drehen Sie sich wieder um in die Richtung, in die Sie gegangen sind. Ihr Hund darf nun vorsichtig zu Ihnen aufschließen. Die Hunde werden sich automatisch vorsichtiger bewegen und auch ihre Aufmerksamkeit auf Sie richten. Schaut Ihr Hund Sie an und nimmt Kontakt auf, können Sie ihn dafür loben. Hier eignen sich ruhige, freundliche Worte sehr gut, da Sie dadurch Ihrem Hund über die verbale Ebene ein positives Feedback geben, ohne ihn aber aus der Übung herauszuholen oder ihn zu sehr abzulenken.

Für den Fall, dass Ihr Hund auf die Idee kommen sollte, nach kürzester Zeit doch wieder rechts an Ihnen vorbei und nach vorn zu schießen, nutzen Sie Variante 1 der Leinenführigkeitsübung aus diesem Buch.

Achten Sie bitte auch bei dieser Übung darauf, Ihren Hund nicht zu überfordern. Absolvieren Sie anfangs nur kurze Trainingseinheiten, wenn Ihr Hund es noch nicht schafft, sich über einen längeren Zeitraum zu konzentrieren.

Übung 7

7

ENTSPANNTE BEGRÜSSUNGEN

Eine Situation, die bei vielen Hundehaltern Stress verursacht, sind Hundebegegnungen oder Begegnungen mit anderen Menschen, während sie ihren Hund an der Leine haben. Hiermit meine ich noch nicht einmal ein besonderes individuelles Verhaltensproblem der Hunde, wie eine Leinenaggression, sondern ganz normale Begegnungen mit Hunden.

Wenn der Hund das Ruder übernimmt

In den meisten Fällen sind diese Begegnungen deshalb anstrengend, weil die Hunde an der Leine nach vorn schießen. Sie wollen den anderen Menschen begrüßen oder aber an dem anderen Hund schnüffeln. Und das am besten jetzt sofort und bevor der Mensch die Gelegenheit hat, Kontakt aufzunehmen.

Dies ist wieder ein einfaches Beispiel dafür, dass der Hund selbst entscheidet und in dieser Situation die Führung übernimmt. Häufig hat dies mit fehlender Impulskontrolle und mangelhafter Orientierung am Menschen zu tun.

Die gute Nachricht: Wenn Sie die vorherigen Übungen aus diesem Buch bereits umgesetzt und dauerhaft in Ihren Alltag integriert haben, haben Sie bereits einen Großteil geschafft. Ihr Hund kennt Ihre neue Form, mit ihm zu kommunizieren, und er hat bereits gelernt, dass Sie ihm Handlungsspielräume vorgeben und diese auch konsequent und pingelig verfolgen. Das Gleiche gilt nun auch für Hundebegegnungen.

Auch hier sind Sie derjenige, der diese Begegnungen anleitet und führt. Ihr Hund hat nicht an Ihnen vorbeizustürmen, um als Erster andere Menschen oder Hunde zu begrüßen.

Führung heißt Verantwortung – Seien Sie für Ihren Hund da

Die Übung machen Sie am besten mit einem anderen Menschen oder Mensch-Hund-Team. Das gewählte Mensch-Hund-Team sollte natürlich die gleiche Regel einhalten, nämlich dass sich die Menschen zuerst begrüßen und dass die Hunde neben oder hinter ihrem Menschen warten. Wenn Ihr Gegenüber keinen Wert auf solche Regeln bei Hundebegegnungen legt, wird es automatisch schwieriger, solche Situationen zu regeln. Denn selbst wenn sich Ihr Hund artig an Ihrer Seite positioniert, muss er trotzdem noch reagieren, wenn der andere Hund an langer Leine zu ihm gelassen wird.

Für einen solchen Fall wäre es Ihrem Hund gegenüber nur fair, den anderen Hund körpersprachlich zu blocken und davon abzuhalten, zu Ihrem Hund zu kommen. Denn wenn Sie führen, verlangen Sie etwas von Ihrem Hund. Wenn Sie etwas verlangen, müssen Sie auch Führung nach außen bieten. Das bedeutet gleichermaßen, dass Sie Hundebegegnungen managen müssen, solange Sie Ihren Hund in einem Kommando halten oder ihm vorgeben, in einer bestimmten Position zu bleiben.

Ein anderer, fremder Hund hat generell nichts an Ihrem angeleinten Hund zu suchen. Das sollte eigentlich eine mittlerweile allgemeingültige Grundregel unter Hundehaltern sein. Leider gibt es dennoch täglich Situationen, in denen es anders gehandhabt wird.

Ich habe schon den einen oder anderen Hund weggescheucht, der in keiner netten Absicht auf mich und meine angeleinten Hunde zugelaufen kam. Haben Sie hier keine Hemmungen, sondern seien Sie für Ihren Hund da.

Der Übungsaufbau

1 Laufen Sie in ausreichendem Abstand mit Ihrem Hund auf ein anderes Mensch-Hund-Team zu. Wie bereits erwähnt, sollte sich das andere Team identisch verhalten.

Voraussetzung für diese Übung ist, dass Ihr Hund bereits gelernt hat, anständig an der Leine zu laufen. Der andere Mensch plus Hund stellt für die meisten Hunde eine große Ablenkung und Herausforderung dar. So ist es nur fair für den Hund, wenn vorher bereits an der Leinenführigkeit gearbeitet wurde, damit der Hund weiß, was von ihm erwartet wird.

Meistens gibt es bei ungeübten Hunden während der gegenseitigen Annäherung irgendwann einen Moment, in dem der Hund Sie überholen möchte. In diesem Moment drehen Sie sich in Richtung Ihres Hundes und erinnern ihn mit dieser Körpergeste noch einmal daran, dass er auch in dieser Situation hinter Ihnen zu bleiben hat.

Je nachdem was für einen Typ Hund Sie haben und wie energisch er ist, kann es durchaus sein, dass Sie auch hier etwas deutlicher in Ihrer Körpersprache sein müssen. Dann sollten Sie sich stärker in Richtung Ihres Hundes bewegen und gegebenenfalls sogar noch einen Schritt auf ihn zu machen.

Auch hier ist eine Berührung nichts Schlimmes. Bleiben Sie bei Ihrer Bewegung, auch wenn der Hund dann gegen Sie läuft.

Manche Hunde benötigen eine kurze körpersprachliche Erinnerung, dass sie hinter dem Hundeführer bleiben müssen. Erst danach begrüßen sich die Menschen.

2 Bleibt Ihr Hund ruhig hinter Ihnen, dann begrüßen Sie die andere Person freundlich. Auch das Verweilen in dieser Situation, um sich etwa einen Moment zu unterhalten, stellt eine normale Alltagssituation nach und sollte mit dem Hund regelmäßig geübt werden. Beide Hunde bleiben dabei an der Seite ihres Halters oder dahinter stehen und geben den Menschen den Vorrang.

Es spricht absolut nichts dagegen, dass andere Menschen auch Ihren Hund begrüßen und ihn streicheln. Dies sollte nur vorher abgesprochen sein, und Ihr Hund sollte auf seine Freigabe warten.

Gleiches gilt für Kontakt von Hunden untereinander. Haben sich beide Hunde ruhig und ordentlich verhalten, können wir natürlich entscheiden, die Hunde miteinander Kontakt haben zu lassen.

In diesem Fall werden die Hunde möglichst gleichzeitig abgeleint und dürfen nach Freigabe miteinander in Kontakt treten.

Lass uns streiten

Vom Gewitter zum Sonnenschein – stellvertretende soziale Konflikte

Ich bin gemeinsam mit meinen Hunden Nora und Louis häufig in den Bergen wandern. Dort ändert sich das Wetter manchmal sehr schnell, typisch für die Bergwelt. Dunkle Wolken ziehen über einen Gebirgskamm und hängen über den Bergen. Dann kann es plötzlich aus dem Nichts heftig losstürmen. Es windet, regnet in Strömen, donnert und blitzt, was in diesem Umfeld besonders laut und eindrucksvoll werden kann.

Nach dieser Entladung verzieht sich das schlechte Wetter oftmals genauso schnell, wie es gekommen ist, und wir dürfen uns über einen blauen Himmel und Sonnenschein freuen.

Voraussetzung für die schnelle positive Veränderung ist hier, dass die Entladung stattgefunden hat. Ein kurzes und knackiges Gewitter, um dann wieder schönes Wetter zu haben, ist meiner Meinung nach deutlich besser als tage- oder wochenlanger Nieselregen.

Konflikte und ihre Auswirkungen auf die Beziehung

Als Psychologe kann ich Ihnen versprechen, dass es sich in zwischenmenschlichen Beziehungen und auch in Beziehungen zwischen Mensch und Hund ähnlich verhält. Konflikte, die vermieden werden, wirken unterschwellig ständig weiter auf die Beziehung der Individuen und verursachen wochenlangen Nieselregen. Konflikte, die direkt, ehrlich und adäquat angesprochen und ausgetragen werden, lösen sich meistens auch schnell wieder auf.

Ein nicht ausgetragener Konflikt ist wie ein unterirdischer Schneeball. Kommt er einmal ins Rollen, wird er immer größer, bis wir irgendwann eine stattliche Lawine vor uns haben. Lassen Sie es nicht dazu kommen. Weder in Ihrer Partnerschaft, unter Freunden oder Arbeitskollegen und vor allem auch nicht bei Ihrem Hund.

Unsere Hunde sind immer direkt und ehrlich. Für sie sind auch Konflikte normal, diese zu umgehen ist relativ untypisch in der Hundewelt. Es ist vielmehr eine menschliche Eigenschaft, sie wochenlang mit uns herumzutragen.

Mit Kleinigkeiten Großes verändern

Aus den theoretischen Kapiteln dieses Buches wissen Sie bereits, welche Wirkung Konflikte auf das Zusammenleben haben. Sie sind ein wichtiger Bestandteil sozialer Kompetenz, und je nachdem wer einen Konflikt für sich entscheidet, hat dies auch Auswirkungen auf die Beziehung zueinander.

Darum möchte ich Ihnen nach einem kurzen Ausflug zum Thema »den Hund korrigieren«, ein paar kleine, einfache Übungen vorstellen. In diesen Übungen trainieren Sie wieder die körpersprachliche und taktile Kommunikation mit Ihrem Hund. Jedoch beinhalten sie auch immer wieder bewusst hergestellte kleine soziale Konflikte. Wenn Ihr Hund beispielsweise etwas vom Boden fressen will und Sie das nicht möchten, haben Sie eine Meinungsverschiedenheit und befinden sich damit in einem kleinen Konflikt. Ebenso wenn Sie Ihrem Hund das Kommando »Platz« geben und er immer wieder aufsteht, weil er etwas anderes gerade für wichtiger hält.

Entscheidend ist aber die Summe der Ihrerseits gewonnenen kleinen Konflikte auf der Beziehungsebene. Dadurch, dass Sie sich in solchen vermeintlich kleinen und unwichtigen Situationen durchsetzen, ändert sich etwas an der Akzeptanz Ihres Hundes Ihnen gegenüber – auch in anderen, viel schwierigeren Situationen.

Einfach ausgedrückt: Wenn Sie Ihrem Hund nicht vermitteln können, etwas auf dem Boden Liegendes nicht zu fressen oder während gekocht wird, nicht in die Küche zu kommen, ist es höchst unwahrscheinlich, dass Ihr Hund auf Sie hört, wenn er auf einem Spaziergang einem Reh hinterherjagen oder den Nachbarshund vermöbeln möchte.

Aus diesem Grund bezeichne ich diese Konflikte auch als stellvertretende soziale Konflikte. Weil es meistens nicht um die Sache an sich geht, sondern Sie damit stellvertretend für andere wichtigere Dinge üben.

Damit bleiben wir unserem Motto der fairen Hundeerziehung, die Schritt für Schritt aufeinander aufbaut, treu.

Den Hund korrigieren – echte vs. pseudo Korrektur

Wenn wir von Korrektur des Hundes reden, möchten wir damit in der Regel sein Verhalten verändern. Oft unterbrechen wir den Hund in seiner aktuellen Handlung. Korrektur, Abbruch und damit verwandte Begriffe, werden in der Hundebranche unterschiedlich definiert und auch erklärt. Im Folgenden geht es nicht um konditionierte und trainierte Signale, wie beispielsweise das Abbruchsignal »Stopp« oder »Aus«, sondern um ein direktes soziales Gespräch zwischen Mensch und Hund. Genauso wie ein Hund nach einem anderen Hund abschnappt oder ihn in der Bewegung einschränkt, und damit eine Grenze vorgibt, wenn dieser ihm zu nahe kommt.

Halten wir uns also nicht mit Begrifflichkeiten auf, sondern schauen uns an, was wir Menschen in der Regel erwarten, wenn wir von Korrektur sprechen. Wir möchten mit unserer Korrektur erreichen, dass der Hund mit einer aktuellen Handlung aufhört oder eine Grenze, die wir ihm vorgegeben haben, nicht überschreitet.

Hier liegt der Schwerpunkt: Der Hund soll eine vorgegebene Grenze akzeptieren und einhalten. Ihr Hund wird die Akzeptanz einer Einschränkung mit einem Demutsverhalten kommunizieren, wie ich es im Kapitel über das Ausdrucksverhalten beschrieben habe. An diesem Verhalten, also an dem Feedback des Hundes auf Ihre Kommunikation, können Sie, auch auf körpersprachlicher Ebene, eindeutig erkennen, ob Ihr Hund eine Einschränkung akzeptiert oder nicht.

Korrekturen durchsetzen

Wenn Sie Ihren Hund also in seinem Verhalten einschränken möchten, achten Sie darauf, auch das richtige Feedback von ihm zu erhalten. Im Fall einer Einschränkung etwa das besagte Demutsverhalten. Das sollten Sie sich für alle weiteren Übungen einprägen. Wenn Ihr Hund nicht auf eine Einschränkung oder Korrektur reagiert, also nicht das richtige Feedback an Sie sendet, müssen Sie Ihre Kommunikation und Ihr Verhalten anpassen, um ein adäquates Feedback zu erhalten. Dies nicht zu tun, ist einer der häufigsten Fehler, den Hundehalter machen. Dies führt langfristig dazu, dass der Hund sein Verhalten nicht abbricht und unsere Korrekturbemühungen nicht mehr ernst nimmt.

Die Bilderserie auf dieser Seite stellt dies beispielhaft dar.

1 Was viele Hundehalter tun, wenn sie ihren Hund taktil korrigieren wollen, ist, ihn ein Stück wegzuschubsen. Meistens erfolgt dies durch eine lange Berührung am Hund und viel Krafteinsatz (niedrige und lange Amplitude). Leider wird das von unseren Hunden nicht gut als Korrektur wahrgenommen, sondern eher als Spiel. Wenn Sie einen Hund durch eine Berührung korrigieren wollen, ist die Zeit der Berührung eher kurz und entspricht einem Antippen (hohe, enge Amplitude). In vielen Fällen reicht jedoch eine eindeutige Körpersprache, sodass Berührungen gar nicht nötig sind.

2 Die Reaktion des Großen Schweizer Sennenhundes Carl zeigt hier eindeutig, dass er die Korrektur entweder nicht als Korrektur wahrgenommen hat, oder aber, dass er sie nicht wirklich akzeptiert und ernst nimmt.

Das Ziel des Wegschubsens ist ja eine Distanzvergrößerung. Da der Hund aber lustig in seine Hundehalterin springt, tut er genau das Gegenteil. Er verringert die Distanz und wird durch das Anspringen noch aufdringlicher.

Das Feedback des Hundes lügt nicht und zeigt uns hier eindeutig, dass das gewünschte Ergebnis nicht erreicht wurde.

3 Die körpersprachlichen Bemühungen werden hier weiter ignoriert. Jetzt macht sich der Hund einen Spaß daraus. Die körpersprachliche Bewegung soll hier ebenfalls eine Distanz einfordern. Wie wir auf dem nächsten Bild sehen, ignoriert der Hund den Distanzwunsch völlig und fängt an, seine Halterin zu ärgern, indem er um sie herumläuft und sie spielerisch ins Bein zwickt.

4 Das Verhalten ist frech. Von Akzeptanz fehlt jede Spur, und folglich drückt der Hund dies auch nicht durch eine Demutsgeste aus.

Carl ist in Bezug auf solche Korrekturen schwierig. Er neigt dazu, mit hibbeligem und albernem Verhalten darauf zu reagieren und andere nicht ernst zu nehmen. Das gleiche Verhalten zeigt er auch gegenüber anderen Hunden. Allerdings erkennt er dabei genau, bei welchen Hunden er damit durchkommt und bei welchen nicht.

Es gibt mehr Hunde wie Carl, die dann anfangen, sich einen Spaß daraus zu machen oder ihren Bewegungsspielraum nutzen, um wegzurennen und somit dem Konflikt zu entgehen.

Um das zu verhindern, eignet sich in solchen Fällen die lange Leine besonders gut als Hilfsmittel für das Training.

Denn auch wenn wir Menschen mit jemandem etwas zu klären haben, ist es äußerst unhöflich, wenn ein Part einfach den Raum verlässt und sich damit der Situation gar nicht stellt. Dass so kein positives Ergebnis erreicht werden kann, ist wohl jedem klar.

Nutzen wir also eine Leine am Hund, können wir ihn damit in der Situation halten, sodass eine ernsthaftere Kommunikation möglich ist, welcher der Hund sich stellen muss.

5 Hier sehen wir Hundetrainerin Dana mit Carl an der Leine. Damit muss er in eine ernsthaftere Kommunikation gehen, und es ist ihm nicht mehr möglich, Konflikte mit Rumalbern und Wegrennen zu lösen. Wir sehen bereits auf dem ersten Bild einen Hund mit einer ganz anderen Körpersprache und vor allem auf einem ganz anderen Energielevel. Eine gesenkte Rute, etwas eingeknickte Knie und ein ausweichender Blick zeigen leichtes Demutsverhalten an.

6 Besonders wichtig ist hier, dass das eigentliche Ziel, nämlich Distanz zu schaffen, erreicht wird. Dana nimmt körpersprachlich Raum ein, das tut sie ernsthaft und entschlossen, aber dabei völlig ruhig. Carl gibt gleichermaßen Raum frei und hält die eingeforderte Distanz ein. Kein Anspringen, kein Rumalbern und kein Ins-Hosenbein-Beißen. Das Züngeln des Hundes und das Heben der Pfote sind Beschwichtigungsgesten. Damit sagt uns der Hund »Ja, es ist okay, ich habe verstanden und halte mich an die Regeln und die Distanz. Du brauchst nicht weiterzumachen.«

Der Hund akzeptiert also die Einschränkung des Menschen und zeigt uns das durch Demutsgesten.

7 Daraufhin ändert Dana ihre Körpersprache, indem sie Carl einlädt. Er darf wieder näher kommen und kann sich in ihrem Raum bewegen. Sie hat ja bereits das notwendige Feedback des Hundes erhalten. Wenn das der Fall ist und der Hund wie gewünscht reagiert, sollten wir als Hundehalter keinen weiteren Druck auf den Hund ausüben.

8 Carl nähert sich Dana nun mit einer wesentlich respektvolleren Körperhaltung. Das Erregungsniveau des Hundes hat sich erheblich verbessert. Natürlich spielt jetzt Freundlichkeit und Motivation eine wichtige Rolle. Das kann man in den Gesichtern der beiden eindeutig lesen.

9 Die Beziehung der beiden hat sich durch die Kommunikation nicht verschlechtert, sondern verbessert. Nach dem Regen herrscht nun wieder Sonnenschein. Auf dem letzten Bild sehen wir eine freundliche, vertraute und respektvolle gegenseitige Zuwendung. Carl war zu keiner Zeit verunsichert oder ängstlich, er hat lediglich adäquat auf eine Einschränkung des Menschen reagiert, was nun zu einem wesentlich entspannteren Umgang miteinander geführt hat.

Auf Feedback achten

Wenn es um das Thema Korrektur des Hundes geht, achten Sie immer auf ein adäquates Feedback. Achten Sie darauf, ob Ihr Hund die Regel auch einhält (im obigen Beispiel Distanz und Raum) und ob er Ihnen ein hündisches Feedback gibt. Wie stark ein Hund eine Demutsgeste zeigt, ist hochgradig unterschiedlich. Hier kommt es auf den individuellen Charakter und die Rasse an, worauf Sie sich entsprechend einstellen müssen.

Denken Sie auch unbedingt an das schnelle Umschalten zwischen ernst und freundlich und die damit verbundenen körpersprachlichen Veränderungen Ihrerseits.

Übung 1

LASS ES LIEGEN – NICHTS ESSEN, WAS AUF DEM BODEN LIEGT

Dem Hund Fressbares zu verbieten, das er auf dem Boden findet, ist eine schöne Übung, um ein Verbot und damit auch die Kommunikation mit dem Hund zu trainieren. Darüber hinaus ist es auch eine durchaus sinnvolle Regel, denn nicht alle Dinge, die ein Hund auf dem Boden findet, sind zum Verzehr geeignet. Ein vergammeltes Brötchen oder ein paar Pferdeäpfel können für unsere Hunde eine Delikatesse darstellen, sind aber nicht unbedingt gesund. Und auch das Aroma das ein Hund versprüht, der sich gerade an den Exkrementen eines anderen Tieres bedient hat, ruft bei seinen Menschen selten Begeisterungsstürme hervor.

Leider hören wir auch immer häufiger von Giftködern – etwa mit Rattengift gefüllte Fleischwurst – die von Hundehassern ausgelegt werden. Hier ist es besonders wichtig, dass der Hund solche Dinge nicht aufnimmt. Sollten Giftköder auch in Ihrer Umgebung vorkommen, können Sie sich durch unsere Giftköder-Warnfunktion in der Doguniversity-App informieren lassen. So können Sie bestimmte Gebiete meiden oder aber besonders vorsichtig sein. Die App gibt es kostenlos unter www.Doguniversity.app.

Am sichersten ist es jedoch, wenn Ihr Hund gar nichts frisst, was er auf dem Boden findet. Und genau darum geht es in dieser Übung.

Verschiedene Wege führen ans Ziel

Wir haben verschiedene Möglichkeiten, mit unserem Hund zu trainieren, dass er etwas Fressbares auf dem Boden nicht aufnimmt. Wir können beispielsweise ein »Nein« trainieren, oder ein Anzeigeverhalten aufbauen, mit dem der Hund uns anzeigt, sobald er etwas Fressbares gefunden hat, etwa durch Hinsetzen oder Ähnliches. Hier befinden wir uns jedoch im Bereich der Konditionierungen, diese spielen bei unserer Übung keine Rolle. Der Vollständigkeit halber möchte ich diese Ansätze allerdings erwähnt haben.

Im Folgenden liegt der Schwerpunkt auf der sozialen Kommunikation und dem Feedback des Hundes.

Der Übungsaufbau

1 Starten Sie mit dieser Übung zunächst im häuslichen Bereich, bevor Sie es auf die Gassirunde verlagern. Für die Anfänge eigenen sich Wohnzimmer, Terrasse oder Garten gleichermaßen.

Positionieren Sie etwas Fressbares gut sichtbar auf dem Boden. Ein Stück Rinderkopfhaut tut es ebenso wie ein Brötchen oder eine Frikadelle. Idealerweise bekommt Ihr Hund das Auslegen nicht mit.

Jetzt holen Sie Ihren Hund und laufen auf diese Stelle zu. Dabei ist es wichtig, dass Sie mit Ihrem Hund auf gleicher Höhe oder etwas vor ihm laufen. Läuft Ihr Hund voran, werden Sie es nicht schaffen, ihn zeitgenau zu korrigieren.

Sie können zu Beginn auch eine mittellange, lockere Leine verwenden. So haben Sie auch dann Zugriff auf Ihren Hund, wenn er einmal schneller sein sollte als Sie.

2 Ihre Aufgabe ist es nun, Ihren Hund davon abzuhalten, die ausgelegten Leckereien zu essen. Das tun Sie aber bitte nicht mithilfe der Leine. Diese dient nur der Absicherung.

Wie auf Bild 1 zu erkennen ist, läuft die Labradorhündin Lexi ein Stück hinter mir. Die Leckereien hat sie bereits in der Nase. Der Kopf bewegt sich

schon Richtung Futter, und sie ist kurz davor, die Sachen zu fressen.

Warten Sie bis zu diesem Moment und bereiten Sie sich darauf vor, Ihren Hund zu stoppen. Frisst der Hund den ausgelegten Köder, hat er sich in seinem Verhalten selbst verstärkt. Das gilt es unbedingt zu vermeiden.

Bevor Ihr Hund nun aber die Leckereien isst, halten Sie ihn davon ab. Das können Sie körpersprachlich machen, indem Sie sich in den Hund hineindrehen, ein Stück in seine Richtung oder in ihn hineinlaufen und damit die Distanz zum Futter erhöhen. Manchmal reichen auch nur eine Schulterbewegung und ein Blick. Hier kommt es wieder ganz auf die Sensibilität des Hundes an. Alternativ können Sie Ihren Hund auch antippen oder kurz in ihn hineingreifen. Auf Bild 2 drehe ich mich körpersprachlich in den Hund und tippe Lexi dann kurz an der Schulter an, sodass sie zurückweicht.

Ob das Verbot und damit auch die Intensität Ihrer Handlung auf kommunikativer Ebene beim Hund richtig angekommen ist, sehen Sie an seinem Feedback. Macht er weiter wie bisher und schnappt sich im schlechtesten Fall sogar das Futter, dann war die Korrektur für Ihren Hund nicht passend.

3 Nach der Korrektur gehen Sie einfach weiter und bleiben auf der Linie stehen, auf der das Futter liegt. Achten Sie genau auf Ihren Hund. Akzeptiert Ihr Hund das Verbot, und ist Ihre Korrektur auch tatsächlich beim Hund angekommen, wird er jetzt keinen Versuch mehr unternehmen, das Futter zu fressen. Er wird in einem deutlichen Bogen um das Futter herumlaufen, um zu Ihnen zu kommen. Sollte er vor dem Futter warten, laden Sie ihn zu sich ein, indem Sie ihn rufen oder eine einladende körpersprachliche Geste machen. Auch das In-die-Hocke-Gehen eignet sich sehr gut und löst in der Regel ein Herankommen des Hundes aus. Kommt Ihr Hund zu Ihnen, ohne das Futter anzurühren, loben Sie ihn.

Sollte Ihr Hund jedoch noch einen weiteren Versuch unternehmen, an das Futter zu kommen, halten Sie ihn wieder in oben beschriebener

Form davon ab. Das tun Sie so lange, bis der Hund das gewünschte Feedback zeigt.

Auf Bild 3 sehen wir schön, wie Lexi einen großen Meidebogen um das Futter läuft, um zu mir zu kommen. Sie nimmt Kontakt auf und legt sich dann zu mir. Dabei schaut sie mich fragend an, in der Hoffnung, dass ich ihr das Futter freigebe.

Das soziale Lob durch Streicheln, und ein ruhiges verbales Lob wie »Prima«, »Guuuut« oder »Klassse« darf hier im Vordergrund stehen.

Es ist zwar möglich, auch einmal durch ein Leckerchen zu belohnen, jedoch sollte man damit sparsam umgehen. Wir befinden uns hier in der sozialen Kommunikation mit dem Hund. Arbeiten wir zu viel mit Futterbelohnungen oder geben das Futter, das auf dem Boden liegt, anschließend frei, wird sich eine Erwartungshaltung des Hundes ergeben. Er wird das Ganze als Übung abspeichern, bei der er um etwas herumläuft und es dann anschließend essen darf. Das ist nicht zielführend. Ein generelles Verbot, auf dem Boden liegende Sachen fressen zu dürfen, ohne Erwartungshaltung des Hundes, ist, gerade auch in Bezug auf die Giftköderproblematik, die sicherere Variante.

4 Wiederholen Sie diese Übung, um zu überprüfen, ob Ihr Hund es auch wirklich verstanden hat.

Stellen Sie sich dazu eine Uhr vor. Positionieren Sie Ihren Hund auf 12:00 Uhr und laufen selbst auf 6:00 Uhr. Zwischen Ihnen auf einer geraden Linie in der Mitte positionieren Sie wieder etwas Fressbares. Dann laden Sie Ihren Hund wieder ein, beispielsweise durch In-die-Hocke-Gehen. Ihr Hund sollte nun deutlich über 9:00 Uhr oder 3:00 Uhr zu Ihnen laufen und nicht auf einer geraden Linie.

Wenn das funktioniert, fangen Sie an, die Übung zu generalisieren. Das machen Sie dadurch, dass Sie die Orte wechseln – sowohl drinnen als auch draußen. Darüber hinaus können Sie die Dynamik erhöhen, indem Ihnen zum Beispiel etwas auf den Boden fällt, während der Hund nicht weit von Ihnen entfernt ist.

Übung macht den Meister! In je mehr Alltagssituationen Sie diese Regel durchsetzen und üben, desto sicherer wird es, dass Ihr Hund nichts mehr vom Boden aufnimmt.

Übung 2

DAS IST MEINS! – GEGENSTÄNDE FÜR SICH BEANSPRUCHEN

Unter Hunden kommt es regelmäßig vor, dass ein Hund etwas – zum Beispiel einen Knochen – für sich beansprucht. Ähnliches werden Sie jetzt einmal mit Ihrem Hund ausprobieren. Denn nicht alles, was wir Menschen in die Hand nehmen, ist automatisch für unseren Hund gedacht, geschweige denn geeignet.

Um welche Gegenstände es sich handelt, ist eigentlich egal. Ich möchte Ihnen nur einmal den Unterschied zwischen Spiel mit einem Gegenstand und klarer Beanspruchung erläutern, um Fehler, die von unerfahrenen Hundehaltern häufig gemacht werden, von Anfang an zu vermeiden.

Meins und deins unterscheiden lernen

Zunächst einmal unterscheiden Sie diese Übung bitte von einem Spiel. Bei einem von Ihnen initiierten Spiel darf und soll der Hund ja sogar Gegenständen hinterherjagen. Aber auch hier können Sie umschalten und vermitteln, dass das Spiel vorbei ist.

Viel entscheidender als im Spiel ist dieses Wissen jedoch für Alltagssituationen.

Wir Menschen haben häufig Gegenstände in der Hand, die für Hunde interessant sind. Hierbei kann es sich um einen Wischer, einen Ball, Spielzeug, einen Gartenschlauch oder auch ein paar Schuhe handeln. Je mehr sich solche Gegenstände bewegen können, desto interessanter sind sie für die meisten Hunde.

Wenn wir etwas in der Hand halten, sind in diesem Moment wir Menschen die Besitzer. Viele Hunde kommen dann auf die Idee, direkt an den Gegenstand zu gehen, reinzubeißen, daran zu ziehen oder sich ein Spiel daraus zu machen. Ganz nach dem Motto. »Du hast da was. Gib her. Das muss für mich sein« fangen sie an, sich ihrem Halter aufzudrängen.

Oder wie würden Sie es finden, wenn Sie eine Flasche Wein aus dem Kühlschrank holen, und bevor Sie es schaffen, diese zu öffnen Ihr Partner/in kommt, Ihnen die Flasche aus der Hand reißt und anfängt, aus dieser zu trinken? Unhöflich? Ja, als solches können wir es wohl bezeichnen. Genauso unhöflich ist das Verhalten unserer Hunde, wenn sie alles direkt für sich beanspruchen möchten.

Auf die Körpersprache achten

Kommen unsere Hunde nun in der oben beschriebenen Art und Weise zu uns und wollen einen Gegenstand für sich haben, passiert meist Folgendes: Der Gegenstand wird vom Hund weggezogen. Intuitiv wird der Arm nach oben gerissen, oder man dreht sich vom Hund weg und weicht ihm damit aus.

Was tun wir mit dieser Bewegung? Zum einen geben wir damit durch unsere Bewegung dem Hund Raum frei. Erinnern Sie sich dazu einmal kurz daran, welche Wirkung das Verwalten von Räumen in der Hundewelt hat (siehe S. 46, Kapitel 5 »Hierarchien in sozialen Gruppen«). Zum anderen geben wir durch unsere Bewegung vom Hund weg dem Gegenstand Dynamik und machen ihn noch interessanter, was wiederum ein Hinterherjagen des Hundes anregt.

Auf den Bildern 1 und 2 sehen wir Niklas mit seinem Malinois-Rüden Ares. Niklas bewegt das Spielzeug vom Hund weg. Er dreht sich vom Hund weg und hebt den Arm, in dem sich das Spielzeug befindet, nach oben. Damit gibt er ihm Raum und stachelt ihn damit, wie eben beschrieben, weiter an, dem Gegenstand hinterherzujagen.

Wenn Sie mit Ihrem Hund spielen möchten, ist das auch kein Problem. Möchten Sie aber den Gegenstand für sich beanspruchen, müssen Sie vollkommen anders handeln. Hierbei spielt es keine Rolle, ob es sich um das Spielzeug des Hundes oder aber um einen Schuh oder ein Stofftier für Ihre Kinder handelt, das nicht für den Hund bestimmt ist.

Der Übungsaufbau

1 Nehmen Sie sich einen Gegenstand, den Sie für sich beanspruchen möchten. Dies kann durchaus auch ein Spielzeug des Hundes sein. Denken Sie schon jetzt daran: Nur weil Sie sein Spielzeug in der Hand halten, bedeutet das nicht, dass er es Ihnen direkt aus den Händen reißen darf. Ob Sie stehen oder hocken, ist erst einmal egal.

Kommt Ihr Hund nun angelaufen und will sich des Gegenstandes bedienen, ziehen Sie diesen nicht nach oben weg, sondern Sie halten ihn in der neutralen Position oder präsentieren ihn sogar.

Will der Hund danach greifen, kommunizieren Sie ihm körpersprachlich durch Blick, Körperspannung und die zum Hund gerichtete Körperhaltung, dass es jetzt gerade Ihr Gegenstand ist und Sie diesen nicht abgeben möchten. Bei schnellen sehr aufdringlichen Hunden, können Sie den Hund natürlich auch korrigieren, indem Sie ihn kurz korrigierend antippen. Gehen Sie dabei genauso vor, wie Sie es bereits getan haben, um ihm Futter auf dem Boden zu verbieten. Haben Sie in dieser Übung ein schönes Feedback bekommen (Meidebogen), wissen Sie ja bereits, worauf Ihr Hund reagiert.

Auf Bild 3 drehe ich mich mit erhöhter Körperspannung in Richtung Hund und präsentiere das Spielzeug. Die direkte, zum Hund ausgerichtete Körpersprache und der gerichtete Blick sind unmissverständlich. »Das ist meins. Du hast hier nichts daran zu suchen.« Ares versteht sofort, was ich ihm kommuniziere. Die Rute wird tiefer getragen, er wendet den Blick ab, und die Ohren sind defensiv nach hinten geklappt. Er dreht sich von mir weg. Das Heben der Pfote und das Züngeln hat ebenfalls defensiven, deeskalierenden Charakter.

2 Reagiert Ihr Hund bereits auf Sie und lässt den Gegenstand in Ruhe, achten Sie darauf, dass er sich auch wirklich körperlich zurücknimmt. Bleibt Ihr Hund lediglich 10 Zentimeter vor dem Gegenstand sitzen und schaut Sie erwartungsvoll an, haben Sie noch kein ausreichendes Feedback. Ihr Hund wartet in diesem Fall nur darauf, dass er den Gegenstand endlich haben darf.

Intensivieren Sie dann noch einmal Ihre Körpersprache und fordern wirklich ein Zurücknehmen, verbunden mit einer gewissen höflichen Distanz ein.

Um es noch etwas deutlicher zu machen, drehe ich mich auf Bild 4 noch ein Stück weiter in Richtung Hund und lehne mich mit dem Oberkörper in seine Richtung, während ich das Spielzeug sogar in seine Richtung halte. Wir können leicht erkennen, wie der Hund meine Körpersprache spiegelt. Fast im gleichen Winkel wie mein Oberkörper nach vorn gelehnt ist, weicht er mir mit seinem ganzen Körper aus. Selbst die Rute und Ohren zeigen in die andere Richtung, was hier kein Zufall ist. Er wendet sich vom Spielzeug und mir ab und gibt mir damit den Raum frei, den ich eingefordert habe.

3 Wichtig ist, dass Ihr Hund akzeptiert, dass Sie einen Gegenstand für sich beanspruchen und Ihnen das durch ein ehrliches Feedback zeigt.

Sie können diese Übung nun so stehen lassen und beenden oder den Gegenstand wegpacken. Im Alltag werden Sie dies automatisch immer dann tun, wenn der Gegenstand überhaupt nicht für den Hund gedacht ist, zum Beispiel das Stofftier der Kinder.

Alternativ können Sie auch seine Reaktion und seine Zurücknahme belohnen. Das könnte durch

soziale Zuwendung, ein Leckerchen, oder aber durch Spiel mit dem Gegenstand geschehen.

Wie auf Bild 5 und 6 zu sehen, nutze ich dazu direkt den Gegenstand, weil solche Zerrspiele einen hohen Wert für die Belgischen Schäferhunde haben. Jetzt ist alles erlaubt. Wir zerren um die Wette und haben beide Spaß an der Sache. Ares versteht auch sofort die veränderte Situation, nämlich dass wir jetzt wieder Spaß miteinander haben und spielen. Es handelt sich nicht mehr um einen Konflikt.

Übung 3

ROTE UND GRÜNE BEREICHE – TABUZONEN DEFINIEREN

In dieser Übung geht es darum, grüne und rote Bereiche für den Hund zu definieren. In grünen Bereichen darf der Hund sich aufhalten, rote Bereiche soll er nicht betreten. Was Sie nun als grünen oder roten Bereich definieren, bleibt Ihnen überlassen. Hier hat jeder Mensch andere Bedürfnisse und Ideen. In der Regel haben rot definierte Bereiche auch einen praktischen Nutzen für den Alltag. Definieren Sie einen Raum als roten Bereich, etwa die Küche, mag es durchaus nützlich sein, dass Ihr Hund nicht immer im Kochbereich herumliegt und darauf wartet, dass etwas herunterfällt. Rote Bereiche können temporär aufgestellt werden, dann darf Ihr Hund diesen Bereich so lange nicht betreten, bis Sie ihn einladen und den Raum freigeben oder aber Allgemeingültigkeit haben. Das ist dann der Fall, wenn eine bestimmte Fläche oder ein Raum für Ihren Hund eine generelle Tabuzone sein soll.

Wahrscheinlich ahnen Sie bereits, dass es auch hier nicht primär darum geht, eine Fläche zu verbieten, sondern vielmehr darum, sich in der Kommunikation zu üben und für den Hund Regeln und Begrenzungen aufzustellen, die er akzeptiert. Dies hat letztendlich wieder positive Auswirkungen auf Ihre Beziehung.

Der Übungsaufbau

1 Halten Sie Ihren Hund bei sich und laufen mit ihm in Richtung einer roten Zone (Bild 1). In diesem Fall wählen wir den Raum Küche als rote Zone. Achten Sie auch hier darauf, dass Ihr Hund nicht vor Ihnen läuft. Denn dann fällt das körpersprachliche Ausbremsen im nächsten Schritt deutlich schwerer.

2 Nun stellen Sie sich eine Linie vor, welche sich am Eingang des Raumes befindet. An dieser Linie drehen Sie sich, wie auf Bild 2 zu sehen, körpersprachlich in Richtung Ihres Hundes und blockieren ihn damit.

Nora ist eine sehr sensible Hündin. Sie spiegelt meine Bewegung sofort. Drehe ich mich in ihre Richtung, weicht sie sofort mit ihrem Körper in gleichem Maße aus, wendet den Blick ab und hat auch die Ohren kurz hinten. Nach dieser Drehbewegung bleibt sie an der Stelle stehen und nimmt Kontakt mit mir auf, indem Sie mich anschaut (Bild 3).

3 **Gehen Sie dann weiter in den roten Bereich und achten Sie darauf, dass Ihr Hund Ihnen nicht folgt. Hält er die Grenze ein und bleibt im grünen Bereich – super.**

Nora hat die Grenze sofort verstanden und bleibt außerhalb der Küche in dem für sie definierten grünen Bereich (Bild 4).

Folgt Ihr Hund Ihnen doch noch einmal und möchte mit in die Küche laufen, wiederholen Sie das Stoppen. Je nachdem wie sensibel Ihr Hund ist, müssen Sie auch unterschiedlich agieren.

Nicht jeder Hund ist so sensibel wie meine Schäferhündin Nora. Bei einigen eher unsensiblen Hunden kann es durchaus sein, dass Sie etwas deutlicher werden oder Ihre körpersprachliche Geste dadurch unterstützen müssen, dass Sie den Hund kurz mit der Hand blockieren oder antippen. Ein ähnliches Vorgehen habe ich auch in Übung 1 beschrieben (siehe dazu S. 189).

4 Wiederholen Sie diese Übung, indem Sie zusammen mit dem Hund noch einmal woandershin laufen und dann wieder zusammen auf den roten Bereich zulaufen. Je nach Hundetyp brauchen Sie eine unterschiedliche Zahl an Wiederholungen, bis die Übung sicher sitzt und verstanden ist.

Wenn Ihr Hund automatisch vor dem roten Bereich stehen bleibt, ohne dass Sie ihn korrigieren müssen, hat er verstanden, wo die Grenze liegt und diese auch akzeptiert.

Auf Bild 5 ist zu erkennen, dass Nora die definierte Grenze einhält und das Geschehen in der Küche aus ihrem grünen Bereich betrachtet.

Straßentraining

Die Arbeit mit roten und grünen Bereichen ist sehr hilfreich und erleichtert das Leben mit dem Hund ungemein. So können Sie diese auch für ein Straßentraining nutzen. Dort lernt der Hund, nur auf dem Bürgersteig zu laufen und an Straßen generell zu stoppen und diese ohne Freigabe nicht zu betreten. Hier bedarf es noch etwas mehr an Übung, und auch spezielle Ablenkungen werden gezielt in das Training mit eingebunden, sodass es auch sicher und zuverlässig im Alltag funktioniert. Dann ist es aber eine ungemeine Erleichterung für den Hundehalter und bietet einen zusätzlichen Sicherheitsaspekt im Straßenverkehr mit dem Hund.

Wenn Sie dies weiterführend mit Ihrem Hund trainieren wollen, finden Sie alle Infos dazu im Kurs »Bindung und Beziehung« auf Doguniversity.de

Übung 4

4

PLATZ IST PLATZ – WIRKLICH!

»Platz« ist eines der ersten Grundkommandos, welches fast jeder Hund lernt. Jetzt fragen Sie sich vielleicht, was das in diesem Kapitel zu suchen hat.

Ganz einfach: Das Platzkommando ist zwar eines der am häufigsten trainierten Kommandos, jedoch funktioniert es in den wenigsten Fällen wirklich zuverlässig.

Meistens ist es so, dass der Hund sich auf das Kommando »Platz« zwar hinlegt und ein Leckerchen erwartet, sobald dann aber Ablenkungen ins Spiel kommen, wie vorbeilaufende Hunde oder andere Bewegungsreize, bleiben die wenigsten Hunde zuverlässig liegen. Zum Test, ob das Kommando wirklich sitzt, gehe ich in meinen Trainings manchmal 1 bis 2 Meter vor dem im Platz liegenden Hund in die Hocke und locke ihn mit Futter. Auch hier stehen die meisten Hunde auf. Interessant dabei ist, dass viele Menschen bei dieser Übung lachen und mir Dinge sagen wie: »das ist ja auch schwierig« oder »das ist ja unfair«.

Finden Sie das auch? Ist es denn zu viel verlangt, dass ein Hund nach einem Kommando auch dann liegen bleibt, wenn jemand anderes mit ein paar Leckerchen in der Nähe ist.

Ich finde nicht. Schließlich sollte eine enge Bindung zwischen Ihnen und Ihrem Hund bestehen. Da kann man auch mal verlangen, dass ein Kommando eingehalten wird, auch wenn es irgendwo anders etwas zu futtern gibt.

Sie beenden die Übung und nicht Ihr Hund

Das Platzkommando wird meist rein mit Konditionierungen aufgebaut – in kleinen Schritten mit einer hohen Belohnungsfrequenz. So machen wir es auch in unserem Welpenkurs. Schritt für Schritt lernt der Hund, sich hinzulegen und dann auch länger mit Abstand zum Hundehalter liegen zu bleiben. Diese Art von Training ist auch völlig richtig.

Allerdings schleichen sich im späteren Verlauf häufig Fehler ein. Nämlich dann, wenn der Hund nicht liegen bleibt und selbstständig wieder aufsteht.

In solch einem Fall heißt es dann ganz oft wiederholt »Platz«, »Plaaatz«, »Plaaaaaatz«. Dazu wird meist die flache Hand gezeigt. Dieses Kommando und die Körpersprache kennt der Hund bereits, da sie beim Übungsaufbau Leckerchen beinhaltete. Legt der Hund sich dann tatsächlich irgendwann wieder hin, wird er mit hoher Wahrscheinlichkeit wieder mit einem Stück Futter belohnt.

Erkennen Sie sich hier wieder? Wenn nicht – gut. Falls doch – auch nicht schlimm, aber Sie sollten etwas ändern.

Im oben beschriebenen Beispiel wird der Hund nie für sein Aufstehen korrigiert. Er bekommt keine direkte soziale Rückmeldung seines Sozialpartners.

Das permanente Wiederholen eines Kommandos bringt nichts, wenn der Hund das Kommando bereits gelernt und auch verstanden hat, was er tun soll. Legt er sich dann irgendwann nach der vierten Platzaufforderung doch wieder hin und wird vom Hundehalter belohnt, wird damit tatsächlich die komplette Handlungskette, also auch das Wieder-Aufstehen und das erst nach diversen Überredungsversuchen Sich-wieder-Hinlegen, belohnt.

Ändern Sie den Übungsaufbau aus diesem Grund einmal wie auf den folgenden Seiten beschrieben. Wenn Sie die Übung richtig machen, verspreche ich Ihnen, dass Ihr Vierbeiner zum Vorzeigehund wird, was das »Platz« angeht.

Der Übungsaufbau

1 Legen Sie Ihren Hund ins »Platz«. Ich setze hier einfach einmal voraus, dass Ihr Hund das schon gelernt hat. Falls nicht, holen Sie den positiven Trainingsaufbau zunächst unbedingt nach. Anleitungen dazu erhalten Sie ebenfalls in unseren Online-Kursen (Das Online-Welpentraining).

Achten Sie dabei darauf, dass Ihr Hund nicht vor Ihnen liegt, sondern neben Ihnen. Seine Vorderpfoten sollten nicht wesentlich über die Höhe Ihrer Füße hinausgehen. Die optimale Grundposition können Sie auf Bild 1 erkennen.

Leinen Sie den Hund zur Sicherheit bei dieser Übung an. Die Leine dient als sinnvolles Hilfsmittel, vor allem bei sehr schnellen und reaktionsfreudigen Hunden.

2 Nun brauchen Sie eine Ablenkung. Entweder begeben Sie sich dazu an einen öffentlichen Ort, an dem mit Passanten oder anderen ablenkenden Reizen zu rechnen ist, die den Hund dazu veranlassen aufzustehen, oder aber Sie machen diese Übung mit einer Hilfsperson.

Wenn Sie bereit sind, präsentiert die Hilfsperson einen ablenkenden Reiz. In unserem Fall hat jemand einen Ball geworfen. Nicht direkt in Richtung Hund, sondern quer über die Wiese.

Steht Ihr Hund nun auf und verlässt das Kommando, müssen Sie schnell sein. Sie müssen Ihren Hund genau in dem Moment aufhalten, in dem er aufsteht. Es kommt hier auf das richtige Timing an.

Idealerweise drehen Sie sich so in Ihren Hund hinein, dass das rechte Bein wie eine Schranke vor den Hund kommt. Wenn der Hund links von Ihnen liegt, drehen Sie sich über das linke Bein, sodass das rechte Bein vor den Hund kommt. Liegt Ihr Hund rechts neben Ihnen, müssen Sie es genau andersherum machen. Da Ihr Hund damit nicht rechnet, wird es in den meisten Fällen zu einer Berührung zwischen Bein und Hund kommen. Diese sollte aber ausschließlich dadurch entstehen, dass Ihr Hund durch seine eigene Vorwärtsbewegung gegen das Bein stößt.

Schaffen Sie das nicht, weil Ihr Hund zu schnell ist, können Sie ihn auch mit Ihrer Hand aufhalten, indem Sie ihn damit stoppen. Die Leine bietet zusätzliche Absicherung, sollte aber nur unterstützen und nicht im Vordergrund stehen.

Wie auf Bild 2 zu erkennen, ist Lexi aus dem »Platz« losgeschossen wie ein Blitz, um den Ball zu bekommen. Hier hatte selbst ich Probleme, schnell genug zu sein, habe sie aber gerade noch erwischt.

Bringen Sie Ihren Hund im Rahmen der Korrektur wieder hinter sich in die ursprüngliche Position. Lexi zeigt auf Bild 3 durch ihre Körperhaltung und das Züngeln defensive und deeskalierende Ausdruckselemente. Mit dieser Reaktion von mir hat sie nicht gerechnet. Daran konnte ich erken-

3

nen, dass sie noch nie wirklich gestoppt wurde, wenn sie ein Kommando eigenständig aufgelöst hat. Und genau hier liegt der Unterschied. Geben Sie Ihrem Hund direktes soziales Feedback, in diesem Fall durch das Setzen einer Grenze, wenn er ein Kommando eigenständig verlässt, anstatt ihn zigmal zu bitten, sich wieder hinzulegen und ihm dann ein Leckerchen zu geben.

3 Bringen Sie Ihren Hund jetzt wieder in ein »Platz«, wenn er sich nicht automatisch wieder hinlegt. Erst jetzt – nach Ihrer korrigierenden Handlung – dürfen Sie das Kommando »Platz« erneut geben. Nun wiederholen Sie diese Übung wie beschrieben mehrmals. Steht Ihr Hund auf, korrigieren Sie ihn wieder. Bleibt er liegen, loben Sie ihn unbedingt ruhig und gelassen.

Nun kommen wir zu einem wichtigen Moment, den Sie nicht verpassen sollten. Nahezu alle Hunde fangen dann irgendwann an, Blickkontakt mit ihrem Halter aufzunehmen. Sie schauen ihren Halter fragend an. Genau in diesem Moment loben und belohnen Sie Ihren Hund. Dazu dürfen Sie gerne auch ein schmackhaftes Leckerchen nutzen. Auch dieses Vorgehen wiederholen Sie nun mehrmals.

Sie handeln ganz klar und einfach: Steht Ihr Hund auf, hat er damit keinen Erfolg, da er von Ihnen korrigiert wird. Bleibt er liegen und schaut Sie fragend an, wird er von Ihnen belohnt. Entweder durch ein Leckerchen oder durch ein verbales Lob und Streicheleinheiten.

Wenn das zuverlässig funktioniert, dürfen Sie Ihren Hund auch einmal ableinen und freigeben, sodass er zu dem auslösenden Reiz hindarf. In unserem Beispiel der Ball. Das ist ebenfalls eine Belohnung für den Hund.

Sie trainieren mit dieser Übung nicht nur die so wichtige Impulskontrolle und Frustrationstoleranz des Hundes, sondern auch ein zuverlässiges Platzkommando.

Darüber hinaus haben Sie sich hiermit erneut bei einer kleinen, künstlich hergestellten Konfliktsituation durchgesetzt.

4 Funktioniert das bereits Gelernte zuverlässig, können Sie den Schwierigkeitsgrad für Ihren Hund erhöhen. Das machen Sie beispielsweise dadurch, dass die Distanz zum ablenkenden Reiz immer weiter verringert wird.

Auch den Reiz an sich sollten Sie verändern. Es kann einmal ein Ball, ein vorbeilaufender Hund oder aber auch Futter sein, welches dem Hund angeboten wird.

Dabei nähert sich eine Hilfsperson, geht in die Hocke und bietet dem Hund mit ausgestrecktem Arm Futter an. Die Hand sollte dennoch so weit entfernt sein, dass der Hund aufstehen muss, um sie zu erreichen.

Auch hier belohnen Sie den Hund bei gutem Verhalten, und korrigieren, wenn der Hund aufsteht.

Auf den Bildern 4 und 5 sieht man sehr schön, wie Lexi mich fragend anschaut. Das macht sie wirklich toll und wird von mir auch direkt dafür belohnt.

Hunde lernen diese Dinge sehr schnell, wenn man es ihnen richtig vermittelt. Ich habe lediglich zweimal korrigierend auf sie einwirken müssen. Dann hat sie es verstanden und sich bei sämtlichen Reizen vorbildlich verhalten.

So zuverlässig und schnell kann Hundeerziehung funktionieren, wenn man klar in der Kommunikation mit dem Hund ist.

Damit dieser Erfolg jedoch auch von Dauer ist, müssen Sie konsequent im Umgang mit Ihrem Hund sein. Der Hund sollte sich nie selbstständig aus dem Platzkommando erheben – auch in einer Situation, in der Sie vielleicht gerade nicht den Kopf dafür haben, müssen Sie auf die korrekte Ausführung bestehen. Nur so lernt der Hund, Sie auch ernst zu nehmen und die Kommandos zuverlässig auszuführen.

Übung

5

DIE TÜRE ALS GRENZE NUTZEN

Diese Übung dürfte mit den Erfahrungen, die Sie bereits gesammelt haben, leicht zu meistern sein. Sie unterscheidet sich nicht wesentlich von der Übung mit roten und grünen Bereichen. Da die Türen des Hauses jedoch häufig für viele Fragen sorgen, möchte ich darauf noch einmal extra eingehen.

Wer darf zuerst – Mensch oder Hund?

Grundsätzlich ist es egal, ob der Mensch oder der Hund zuerst durch die Türe geht. Solange der Hund sich am Menschen orientiert, vorsichtig auf ihn wartet und nicht zu stürmisch ist, macht es nichts, wenn der Hund zuerst durch die Türe geht. Auch ich habe manchmal noch beide Hände voll, weil ich etwas mitnehmen möchte, und lasse meine Hunde vor mir raus.

Allerdings kommt es immer auf das Umfeld und die Hunde an.

Es gibt viele praktische Gründe, Hunde nicht zuerst durch Türen gehen zu lassen. Oft wissen wir nicht, was uns hinter einer Türe erwartet. Wohnen wir in einem belebten Umfeld, könnte uns direkt vor unserer Haustüre der Postbote entgegenkommen, ein paar Kinder den Weg entlanglaufen, oder es fahren Autos und Radfahrer über die Straße.

Selbst wenn die eigenen Hunde nett sind und nicht Richtung Straße und Passanten stürmen, gibt es auch Menschen, die Angst vor Hunden haben. Halte ich die Hunde hinter mir, kann ich solche Situationen als Erster überblicken und wenn nötig Rücksicht auf andere nehmen.

Ein weiterer Vorteil ist der, dass besonders leicht erregbare Hund sich zunächst einmal an ihrem Halter orientieren müssen und das Erregungsniveau niedrig gehalten wird. Diese Hunde würden sonst direkt an ihrem Halter vorbei und in Richtung Gassirunde drängen.

Damit wäre die Führung direkt wieder beim Hund. Gerade für diesen Typ Hund eignet es sich besonders, sich erst einmal hinten anstellen und höflich warten zu müssen, bis es losgeht.

Diese Übung eignet sich für sämtliche Türen in Ihrem Haushalt. Türen die nach draußen führen oder Begrenzungen des Grundstücks eignen sich besonders gut.

Gerade was Begrenzungen des Grundstücks angeht, kann es durchaus Sinn machen, ein generelles Übertretungsverbot auszusprechen. Mit Ihnen zusammen beziehungsweise auf Ihre Einladung hin, ist ein Verlassen natürlich immer gewünscht. Schließlich wollen Sie Ihren Hund viel bei sich haben und mit ihm zusammen die Welt erkunden.

Der Übungsaufbau

1 Starten Sie wie gewohnt damit, dass Sie mit Ihrem Hund in Richtung einer Türe laufen. Auch hier sollte der Hund wieder neben Ihnen laufen und nicht vor Ihnen.

2 Wenn Sie die Türschwelle passieren, stoppen Sie Ihren Hund kurz körpersprachlich, indem Sie sich in seine Richtung drehen.

2

3

4

Ich tue dies auf Bild 2, indem ich mein Gewicht auf das rechte Bein verlagere und mich mit meinem Oberkörper leicht in Noras Richtung drehe. Viel brauche ich hier nicht zu machen. Sie versteht sofort, was ich ihr damit kommuniziere.

3 Laufen Sie weiter und achten Sie darauf, dass Ihr Hund die Grenze einhält. Tut er das nicht, müssen Sie noch einmal nachsetzen und etwas deutlicher werden.

Nora hält die unsichtbare Grenze jedoch ein und wartet auf dem Grundstück an der Türe.

4 Die Übung kann bereits hier beendet sein. Wenn Sie möchten, dass Ihr Hund mit Ihnen kommt und Sie begleitet, laden Sie ihn durch eine deutliche körpersprachliche Geste ein, die Grenze zu überschreiten und zu Ihnen zu kommen.

Nutzen Sie diese Übung zum einen dafür, mehr Sicherheit für Ihren Hund herzustellen und zum anderen, um Ihren Führungsanspruch im allgemeinen Miteinander mit Ihrem Hund zu erlangen.

Exklusive Videos zum Buch

Du bist schon ganz gespannt auf die passenden Bonus-Lektionen zum Buch?

Dann leg direkt los und erschaffe eine unsichtbare Leine zwischen dir und deinem Vierbeiner! Mit drei ganz einfachen Schritten erhälst du Zugriff auf den Kurs zum Buch:

So einfach geht's:

1. QR-Code scannen oder Link eingeben:
2. Erhalte Zugriff auf deinen ganz persönlichen Mitgliederbereich
3. Schau dir ganz bequem deine Bonus-Inhalte im Web oder in der mobilen App an

JETZT SCANNEN!

doguniversity.de/kurs-zum-buch

Schlusswort

Wir sind nun am Ende dieses Buches angekommen, und ich möchte mich bei jedem bedanken, der bis hierhin gelesen hat.

Ich hoffe, dass ich Ihnen einiges mit auf den Weg geben konnte, was Ihnen im Zusammenleben mit Ihrem Hund hilft und zu mehr Lebensqualität für Mensch und Hund führt.

Der Weg, den ich Ihnen in diesem Buch aufgezeigt habe, ist für mich ein sehr ehrlicher und tiefgründiger Weg, und ich bin fest davon überzeugt, dass wir damit eine innige Beziehung mit unseren Vierbeinern herstellen können.

Gerade die sozialen Mechanismen, welche ich Ihnen in diesem Buch ausführlich erklärt habe, sind es, die über Erfolg oder Misserfolg in der Hundeerziehung entscheiden.

Letztendlich ist es ein gesunder Mittelweg zwischen Spiel, Spaß, Motivation und Belohnung und dem Setzen von Grenzen und Vorgeben von klaren Handlungsspielräumen, der zum Erfolg führt.

Während ich diese letzten Worte tippe, sitze ich gerade auf der Couch und schaue in den verschneiten Garten. Louis liegt an meiner linken Seite auf meinen Füßen, was neben dem schönen Gefühl auch noch eine angenehme Wärme mitbringt. Nora liegt rechts völlig entspannt neben mir und schläft. Gleich gehen wir los und laufen die letzte Runde für heute. Es hat geschneit, was meine Hunde lieben. Sie werden viel Spaß auf unserer Runde haben, da bin ich mir sicher. Es wird ein harmonischer Spaziergang werden, da ich genau weiß, dass ich mich in jeder Situation auf sie verlassen kann. Aber auch sie wissen, dass sie sich auf mich verlassen können, dass ich sie wohlwollend führe und für sie da bin.

Ob ich nun eine Leine mitnehme oder nicht, spielt dabei keine Rolle.

Ich wünsche Ihnen und Ihrem Hund für die Zukunft nur das Beste. Ich wünsche mir, dass Sie über viele Jahre unzählige schöne Momente mit Ihrem Hund erleben und genießen können. Ich hoffe, dass Sie und Ihr Hund zu einem Team werden, das sich gegenseitig blind versteht und gemeinsam durch dick und dünn geht.

Alles Gute
Daniel

Register